2022 中国建设监理与咨询

——监理控制要点与创新研究

主编 中国建设监理协会

中国建筑工业出版社

图书在版编目（CIP）数据

2022中国建设监理与咨询：监理控制要点与创新研究 / 中国建设监理协会主编. —北京：中国建筑工业出版社，2022.9
ISBN 978-7-112-27858-9

Ⅰ.①2… Ⅱ.①中… Ⅲ.①建筑工程—监理工作—研究—中国 Ⅳ.①TU712

中国版本图书馆CIP数据核字（2022）第159511号

责任编辑：费海玲　焦　阳
文字编辑：汪箫仪
责任校对：王　烨

2022 中国建设监理与咨询
—— 监理控制要点与创新研究
主编　中国建设监理协会
＊
中国建筑工业出版社出版、发行（北京海淀三里河路9号）
各地新华书店、建筑书店经销
北京雅盈中佳图文设计公司制版
天津图文方嘉印刷有限公司印刷
＊
开本：880毫米×1230毫米　1/16　印张：$7\frac{1}{2}$　字数：300千字
2022年9月第一版　2022年9月第一次印刷
定价：35.00元
ISBN 978-7-112-27858-9
　　　（39937）

目录 CONTENTS

行业发展　6

"市政基础设施项目监理机构人员配置标准"课题成果转团体标准研究开题会顺利召开　6

天津市建设监理协会召开"旁站监理"课题研讨工作会　6

"城市道路工程监理工作标准"课题成果转团体标准开题会顺利召开　7

"市政工程监理资料管理标准"课题成果转团体标准研究开题会顺利召开　8

《城市轨道交通工程监理规程》课题成果转团体标准研究首次会议顺利召开　9

维护良好市场秩序，担负行业发展使命　河南省综合资质监理企业座谈会在郑州召开　10

武汉市工程建设全过程咨询与监理协会召开协会党支部5月主题党日暨记者团第二次联席会议　11

河南省建设监理协会发布团体标准《第三方巡查服务工作标准》　12

中共山东省建设监理与咨询协会支部成立大会胜利召开　12

广东省建设监理协会工会开展"抗疫有你，关爱有我"关心关爱抗疫一线人员活动　13

"天津市2021年度监理企业、监理人员诚信评价"评审会顺利召开　13

政策法规　14

2022年1月5日—4月20日公布的工程建设标准　14

聚焦　住房和城乡建设部关于印发《房屋市政工程生产安全重大事故隐患判定标准（2022版）》的通知　15

房屋市政工程生产安全重大事故隐患判定标准（2022版）　16

监理论坛　18

住宅毛坯房隔声减振地面混凝土裂缝防治措施 / 闫天罡　18

抽水蓄能电站工程监理安全生产管控模式实践与思考 / 王　波　侯延学　20

上拉式悬挑脚手架监理控制要点 / 刘　钦　23

基于事故案例探析悬挑钢平台安全管控要点 / 李　琴　26

施工技术助力监理增值，发挥工程顾问作用

　　——以某滨海深基坑工程监理项目实践为例 / 孙一玺　李　强　刘　军　29

站房大跨度整体屋面钢桁架施工与控制 / 彭振铎　32

盾构带压开仓监理安全管控关键 / 唐智慧　　36

浅谈贝雷架在建筑工程超高超长悬挑结构施工中的应用及监理要点 / 杨　钟　　39

浅谈城市轨道交通机电装修工程技术咨询巡查重点 / 袁晓勇　　43

"世界第一拱桥"平南三桥钢格子梁结构及涂装监造 / 陈冠名　　47

基于智慧工地与云端共享的融合技术在安全监理中的应用 / 薛海峰　蔡海枫　　51

Ⅴ级围岩中 TBM 非常规始发掘进及监理控制要点 / 杜景明　　54

项目管理与咨询　　60

"项管 + 监理"模式的项目全过程咨询工作难点探讨　　60

创新流程，厘清服务边界打造满足业主需求的全过程工程咨询 / 李　杰　　65

论全过程工程咨询服务"项目管理 + 工程监理"的"基础 + 核心"作用 / 金振泽　　68

弘扬塞罕坝精神　助力冬奥会建设
　　——承德城建工程项目管理有限公司全过程工程咨询经验介绍 / 焦佳琪　张　勖　　71

电网工程全过程工程咨询建设模式试点实践与探索 / 曹文艳　李康华　欧镜锋　　74

信息化建设　　78

体育场馆信息化建设及应用 / 陈　辉　　78

浅述智慧城市项目的建设监理 / 肖　莹　　81

创新与研究　　84

提供超值服务，收获超值回报 / 韩建东　　84

凤择良木，贤聚中咨 / 杜　添　崔　文　　89

监理企业升级发展转型，深入实践提升综合能力探索融合式发展
　　——监理企业融合式发展全过程咨询的探究 / 龚新波　　91

中国西部科技创新港
　　——监理创新纪实 / 王为民　　95

百家争鸣　　99

城市轨道交通领域推行"工程总监理"之我见 / 郑旭日　　99

工程监理在全过程工程咨询中如何实现作用最大化 / 程光军　王田馨　　103

"市政基础设施项目监理机构人员配置标准"课题成果转团体标准研究开题会顺利召开

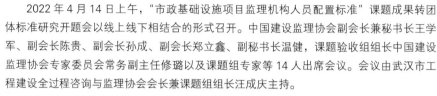

2022年4月14日上午，"市政基础设施项目监理机构人员配置标准"课题成果转团体标准研究开题会以线上线下相结合的形式召开。中国建设监理协会副会长兼秘书长王学军、副会长陈贵、副会长孙成、副会长郑立鑫、副秘书长温健，课题验收组组长中国建设监理协会专家委员会常务副主任修璐以及课题组专家等14人出席会议。会议由武汉市工程建设全过程咨询与监理协会会长兼课题组组长汪成庆主持。

"市政基础设施项目监理机构人员配置标准"课题成果转团体标准研究委托武汉市工程建设全过程咨询与监理协会负责，由上海、广东、江苏、天津、河南、四川等多家行业协会和企业参与研究。通过对本课题的深入研究，提出一套全国范围内可结合各地实际、用于"市政基础设施"的项目监理机构人员配置标准，使之满足建设工程监理工作需要，指导项目监理机构人员配置。既能推动工程监理单位及其从业人员履职尽责、规范行业自身行为，又能作为建设单位选择工程监理单位、合理支付监理酬金的依据，为行业健康发展提供保障。

会上，课题组代表刘海汇报了课题前期工作情况及课题开题报告。课题组专家们对汇报内容发表了意见并就焦点问题进行了充分讨论。同时，课题验收组组长、中国建设监理协会专家委员会常务副主任修璐对课题转团标工作提出了指导性建议。

中国建设监理协会副会长兼秘书长王学军对课题转团标研究工作提出三点要求：一是强调了该标准制定的重要性，人员配置标准是监理行业团体标准的核心标准，该人员配置标准虽然较低，但对行业的健康发展具有重要历史意义；二是强调了该标准的必要性，随着监理服务价格市场化，取费低一直困扰着整个行业，此项人员配置标准转团标研究为未来监理服务实行人工取费，促进监理取费回归合理区间，奠定了基础；三是人员配置应坚持效益原则，以完成监理工作为前提，保证质量安全为目标。

天津市建设监理协会召开"旁站监理"课题研讨工作会

2022年4月12日下午，"旁站监理"课题研讨工作会在天津市建设监理协会会议室召开。

长期以来，在建设项目工程施工阶段监理工作中，建设单位、施工单位、监理单位对"旁站监理"工作的实施方法和内容理解不同，并存在着认识上的误区，监理单位本身对"旁站监理"工作的基础、实施要点、内容、范围及工作方法也存在诸多不明确的问题。

为规范监理工作提高"旁站监理"工作水平，使"旁站监理"具有可操作性，合理承担"旁站监理"责任，依据现行相关法规条例理应明确"旁站监理"范围、深度、工作内容，监理协会将"旁站监理"研究课题列入了2022年工作计划。

会议由协会副理事长兼秘书长马明主持，邀请了中铁路安咨询王秀波副总经理，路驰咨询卢洪宇总经理、建设监理杜水利副总经理，华北工程管理谭晓宇副总经理，方兴咨询王屹总工程师，专家委委员梁玉梅，以及电力监理公司具有施工现场"旁站监理"经验的专业监理师张伟、张傲参加本次研讨工作会。

与会各位领导及专家结合现行相关法规条例及目前监理企业工作实际情况就"旁站监理"进行了深入探讨和发言，各抒己见，提出了许多进一步搞好"旁站监理"工作好的意见和建议。进一步认识到"旁站监理"的重要性和"旁站监理"规范性的必要性。

天津市建设监理协会副秘书长赵光琪、办公室主任段琳、发展部副部长徐博参加了研讨会。

（天津市建设监理协会　供稿）

"城市道路工程监理工作标准"课题成果转团体标准开题会顺利召开

2022年4月25日上午，"城市道路工程监理工作标准"课题成果转团体标准开题会以线上线下相结合的形式召开。中国建设监理协会会长王早生、副会长兼秘书长王学军、专家委员会常务副主任修璐出席会议；课题组专家中国建设监理协会副会长李明安、广东省建设监理协会会长孙成、吉林省建设监理协会秘书长安玉华、云南省建设监理协会秘书长姚苏容等共25位专家参加开题会。会议由河南省建设监理协会会长兼课题组组长孙惠民主持。

"城市道路工程监理工作标准"课题成果转团体标准由河南省建设监理协会牵头负责，北京、广东、云南、吉林、江西等多家行业协会、业内资深专家共同研究编制。该标准致力于解决城市道路工程监理工作弹性大，考核标准不统一、重定性轻量化等实际问题，通过标准化的工作流程和清单式的工作内容，从各个阶段的监理行为上杜绝管理和程序上可能存在的漏洞，促使项目监理机构全面、准确、严格地履行法律法规和合同约定的监理职责和义务，有利于加快城市道路工程监理工作的标准化和规范化进程，进一步完善并丰富建设工程监理标准体系。

会上，课题组专家郭玉明介绍了课题成果转团体标准的项目合同内容、工作计划与安排；课题组专家黄春晓详细汇报了课题转换团体标准的目的、意义及课题组成员与分工。各位专家围绕标准的适用范围、编写思路、体例结构、内容重点、编写计划安排等进行了充分讨论，提出了意见和建议。

会上，中国建设监理协会副会长兼秘书长王学军同意课题组分工和时间安排，要求该标准广泛征求意见、结合实际，有效解决具体问题，并体现信息化、智能化应用。他强调，课题研究时间紧张，但需保证质量；同时，加强与"市政基础设施项目监理机构人员配置标准"等在编标准课题组的沟通，避免标准内容产生冲突，尤其是监理文件资料管理部分要与《市政工程监理资料管理标准》相统一。专家委员会常务副主任修璐对标准编写提出建议：一是监理工作标准边界条件要清楚；二是标准的工作阶段与工作目标要清晰；三是要明确工作任务，避免与相关标准产生矛盾。

中国建设监理协会会长王早生就做好课题工作提出要求。一是标准名称要服从内容、专业、行业，确保流程规范，标准内容名词术语、专业划分规范；二要服从专业技术需要、行业发展需要，与其他标准之间互相学习、互相交流，相互协调；三要学习吸收新政策，精益求精，体现行业信息化发展和符合转型升级的要求；四是对试行期间的反馈建议要进行研究；五是多听取主管部门、建设单位的意见和建议。

"市政工程监理资料管理标准"课题成果转团体标准研究开题会顺利召开

2022 年 4 月 21 日上午，"市政工程监理资料管理标准"课题成果转团体标准研究开题会以线上方式召开。中国建设监理协会会长王早生、副秘书长王月参加了会议并对课题组标准编制工作提出了要求。浙江省全过程工程咨询与监理管理协会秘书长吕艳斌、宁波市建设监理与招投标咨询行业协会秘书长应勤荣、上海市建设工程咨询行业协会顾问会长孙占国、贵州省建设监理协会会长杨国华、海南省建设监理协会会长马俊发、陕西省建设监理协会监事商科，以及课题组全体人员共 22 人参加了会议。会议由浙江省全过程工程咨询与监理管理协会主任章钟主持。

"市政工程监理资料管理标准"课题成果转团体标准研究由浙江省全过程工程咨询与监理管理协会负责。由上海、贵州、陕西、宁波等多家行业协会；北京、福建、海南、宁波等多家企业参与研究。通过调研分析我国市政工程监理资料管理的现状，找出市政工程监理资料管理特点和共性规律，研究制定全国统一的市政工程监理资料管理团体标准，提高市政工程监理资料管理规范化和信息化水平，从而促进监理履职能力的提升。

会上，宁波市斯正项目管理咨询有限公司总工程师周坚梁代表编制组介绍了前期准备工作、标准的总体思路、总体框架、主要内容、工作进度安排和具体工作计划。各位专家围绕规范编写标准，标准的适用范围、目次及内容结构顺序、统一市政专业表格等方面进行了充分讨论，并就标准进一步修改和完善提出了许多很好的建议。

会上，中国建设监理协会会长王早生、副秘书长王月对课题组的前期工作给予了充分肯定。王月副秘书长认为，工程监理资料是监理工作最直接的反映。中国建设监理协会对此高度重视。本标准的制定，对推进监理工作标准化、规范化具有重要的意义。编制组前期做了许多扎实的工作，为下一步更好地完成标准编制任务打下了坚实的基础。

王早生会长做了讲话，并对标准的编制工作提出了具体的工作要求。一是要精益求精。要在原有工作基础上继续深化研讨，做到高标准严要求，编制出高水平的标准。二是要相互协调。要注意与现行国家标准、行业标准，以及中国建设监理协会目前在编和已经印发的其他标准之间的互相协调。同时，可在国标、行标等基础上进行细化和补充，尤其要重视以表格形式规范监理工作。三是要纵横兼顾。横向，要以市政工程范围为主深入研究；纵向，要对自身有正确认识，以施工阶段为主，向工程建设全过程延伸，体现前瞻性。四是要规范流程。从课题研究到标准发布，每一个环节都很重要。今后要加强试行过程的宣贯执行工作，要广泛征求意见。五是要文本规范。内容要专业准确，文字标点要规范，对文本质量要高标准、严要求。六是要适当体现信息化要求。信息化工作是我们监理行业提升工作质量的重要保证，作为资料管理标准，可对目前一些地区、一些企业开展的信息化工作进行调研总结，并适当地体现在本标准的编制中。七是要思考标准成果的运用。资料管理，不仅是监理工作流程中检查、验收等环节需要用到，还能为业主提供未来精细化服务。通过标准化的资料管理，使监理企业能够为社会创造更多价值。

《城市轨道交通工程监理规程》课题成果转团体标准研究首次会议顺利召开

2022 年 4 月 26 日上午，《城市轨道交通工程监理规程》（以下简称"《规程》"）课题成果转团体标准研究首次会议在广州顺利召开。会议采用线上线下相结合的方式进行。中国建设监理协会会长王早生、副会长兼秘书长王学军、副秘书长温健，中国建设监理协会专家委员会副主任刘伊生，验收组组长杨卫东出席会议并做指导。课题组组长、广东省建设监理协会会长孙成和课题组成员共 17 人参加了会议。会议由课题组组长孙成主持。

《规程》课题成果转团体标准研究项目由广东省建设监理协会负责，来自广东、上海、北京、天津等地多家企业专家共同参与研究。《规程》旨在通过研究现行城市轨道交通工程有关法律法规、技术标准与规范，以及新技术、新工法，进一步明确城市轨道交通工程监理单位及其从业人员管理职责，规范监理工作程序、内容、方法、措施，不断提升城市轨道交通工程监理服务水平，推进该领域建设监理工作标准化、规范化与科学化建设。

课题组组长孙成介绍了课题组工作方案，对课题组人员分工和编制计划做了具体部署。课题组主笔人、副组长杨胜强介绍了《规程》编制的研究路线和有关编制大纲要点。

会上，中国建设监理协会副会长兼秘书长王学军、副秘书长温健分别发言，他们对课题组前期的工作给予了充分肯定，并对在《规程》编制中如何实现监理人员履职尽责要求，体现监理工作价值提出了意见和建议。特邀专家、中国建设监理协会专委会副主任刘伊生和课题组组长杨卫东分别就《规程》的体例格式、章节划分及编制要求提出了具体的指导意见。

最后，中国建设监理协会会长王早生就《规程》课题成果转团体标准研究谈了几点感想：一是强调了《规程》的重要性。通过标准的建立，体现出监理工作的专业性和监理的业务能力素养，充分发挥监理的作用和价值，提升监理的地位。二是轨道交通工程是工程建设中非常重要的一类工程，具有技术性和专业性强、投资规模大等特点，多为政府投资，且质量安全风险防控难度大，一旦发生工程质量安全事故，社会影响面也较大。因此，标准的编制需要更高标准、更严要求，在原有基础上精益求精。三是肯定了《规程》编制的专业性。监理工作具有管理与技术相融合的特点。作为管理性的标准，既要体现技术的专业性，又要体现管理的社会性。四是要科学公正，博采众长。课题组应注意收集相关标准规范和近两年住房和城乡建设部出台的与市政、质量安全相关的文件，吸收其他兄弟省份经验，深入调研和征求业界各方意见，确保《规程》满足科学性、可行性和公正性要求。通过标准的编制，更好地发挥监理的作用，当好工程卫士和建设管家。

维护良好市场秩序，担负行业发展使命 河南省综合资质监理企业座谈会在郑州召开

2022年6月9日下午，河南省建设监理协会在郑州召开了河南省综合资质监理企业座谈会，督促鼓励综合资质企业抓住行业改革发展的窗口期，趋势而上，做强做大，同时，希望综合资质企业能够立足成绩，规范管理，真正成为有担当有使命、有底线有责任的标杆示范型企业。河南省建设监理协会会长孙惠民出席会议并讲话，监事长张勤、常务副会长兼秘书长耿春出席会议。全省37家综合资质监理企业负责人参加会议。

会议通报了2021年河南省建设监理行业的发展成效，围绕行业当前发展形势和综合资质企业发展中存在的问题和不足，与会代表进行了深入的座谈交流。河南省广大监理企业经营普遍受到疫情和房地产调控冲击，企业经营遇到了困难，相比往年同期业绩明显下滑，新承揽项目不多，市场开拓停滞不前。虽然短期内暂不会出现较普遍的现金流中断等问题，但由此引发的业务拓展不顺、监理费回款不及时、没有新项目安置人员等问题都对监理企业产生了严重冲击，继而引发企业降薪留员、业务瘦身、缩减规模等以缩减成本支出。企业迫切希望政府出台支持企业渡过难关的政策和举措。整体上看，虽然面临暂时的困难，但大多数监理企业的经营信心未受到明显打击，企业正在积极采取各种措施应对眼前困难，显示出很强的发展韧性，对未来也充满信心。

会议充分肯定了河南省综合资质监理企业在促进企业发展、参与行业公共事务、承担社会责任等方面发挥的表率作用。同时指出，河南省综合资质监理企业在履职过程中还存在一些不足，如对分支机构约束不够、人员素质参差不齐；缺乏清晰定位，与中小企业同质化竞争；市场行为不规范，不合理低价竞争时有发生等。这些都给河南监理行业的整体发展和河南监理品牌形象造成了负面影响。

针对综合资质监理企业存在的问题，孙惠民会长强调，综合资质监理企业一定要从我做起，从现在做起，真正成为行业发展的脊梁，担负起行业的责任。一是强化政治意识，保持正确的方向。要加强企业党团工会组织建设，强化政治思想教育，为企业的发展提供坚强的组织和思想保证。二是找准企业定位，加强能力建设。在行业企业结构上拉开梯次，实行差异化竞争，走出同层次低价竞争的怪圈，拒绝"内卷"。三是健全规章制度，优化内部管理。特别是针对分公司及分支机构存在的问题，要切实抓好人员配备，定期安排指导检查，不断规范分支机构的履职行为。四是树牢品牌意识，维护河南监理形象。要不辜负行业的期望，为行业的发展做好榜样和表率，真正成为行业的引领者，做"河南监理"品牌的维护者、践行者。

会议强调，时代面前，谁都不是局外人。要做什么样的企业，要做什么样的业务，崛起路径是什么，生存空间和发展机会在哪里，每一个企业都有每一个企业的思考，但每个企业都不可能脱离社会和市场环境而存在，河南监理企业要以外部环境为参照，来反观监理行业和监理企业的发展。监理行业已经开始了一个漫长的调整周期，在新的周期里，河南监理企业要有新的思维、新的眼光来思考复杂多变的环境，聚焦客户需求、苦练核心本领、葆有敬畏之心，开放交流系统，一定能取得新的发展，形成新的增长。

会上，综合资质监理企业负责人就展现综合资质监理企业的责任与担当，维护"河南监理"品牌声誉与形象，从政治方向、品牌建设、合规运营、管理能力、诚信自律、人才建设、数字转型、社会责任、智慧监理、服务大局十个方面向社会做出行为承诺，签署了《综合资质监理企业行为承诺书》。

协会专家委员会、自律委员会、青年经营管理者委员会、法律事务与咨询委员会的代表列席了会议。

（河南省建设监理协会　供稿）

武汉市工程建设全过程咨询与监理协会召开协会党支部5月主题党日暨记者团第二次联席会议

2022年5月27日上午，协会召开协会党支部5月主题党日暨记者团第二次联席会议，会长汪成庆、副会长魏家旺、监事长杜富洲、支部委员黄泽光参加会议。

大会集中学习了习近平总书记在庆祝中国共青团成立100周年大会上的重要讲话，本次会议，记者团特聘请优秀、年轻的同志加入其中，培养了一批优秀的行业笔杆子，凝聚了一批妙笔生花、钟情翰墨的小伙伴，增添了新的血液。

会议宣布了记者团团长和委员任命：王厚隆同志担任记者团团长、王琼同志担任记者团副团长、甘愿同志担任记者团组织委员、程雯玥同志担任记者团文体委员、卜文玉同志担任记者团学习委员。新任王厚隆团长就记者团积分制度、下半年采访工作计划等做好了安排和分工。

"传帮带、老带新"是记者团的优秀传统。本次记者团活动不仅将后期的采访小组按照"新老搭配"原则进行划分，同时还请记者团"三朝元老"——中建监理公司的宝立杰记者讲授人物采访与写作，他通过自身的经验和对记者工作的热爱切身讲述采访的奥义，这不仅能促使新团员尽快融入角色接过前辈手中的接力棒，也利于新团员树立能当重任、敢于作为的目标。

本次活动中，程雯玥对"喜迎二十大 奋进新征程"演讲比赛方案进行了翔实的介绍，各位记者团成员集思广益，开展"头脑风暴"，提出了许多建设性的意见。监事长杜富洲也希望大家能在赛制上进行调整，在如何讲好故事上多思考。

会长汪成庆对本次会议的价值和意义高度评价，对记者团提升行业温度、展现行业担当与作为表示肯定，同时对演讲比赛的稿件质量、选手素质、演讲时长等多方面提出要求，希望能扩大赛事的影响力，展现行业的风采。

最后，他强调行业宣传工作者是行业的喉舌，对于宣传工作者而言，其职业综合素质的高低，会直接影响到新闻报道的优劣，也会间接影响社会大众对行业的舆论导向作用。他提出三点要求：

1. 行业宣传工作者应提高思想政治素质。要当好"喉舌"就应当具备较高的政治理论水平、政策水平和社会敏感性，掌握正确的思想方法，善于准确地发现问题，透彻精辟地分析问题和圆满地解决问题。

2. 行业宣传工作者应具备专业素质。行业宣传工作者首先应具备一定的语言沟通能力。语言沟通的亲和力是协会记者们的基本素质，只有实现有效的沟通才能真正传达行业的声音。其次，广博的知识、丰富的思想、广阔的活动天地，对于一名记者来说也是非常重要的。

3. 行业宣传工作者应具备良好的心理素质。协会记者的心理状态如何直接影响其采访工作与报道的质量。记者在现场采访中要具有对事业的热情和奉献精神，以及敏锐把握时代脉搏的能力，这些都需要稳定、健康的心理素质作为支撑，稳定的心理素质和良好的应变能力是事业成功的保证。

协会记者们应有更强的工作责任感，树立正确的职业道德观，时刻牢记自己是行业的"喉舌"，牢记自己的责任，不断加强政治理论和业务学习，不断提高自己的综合素质，为提升新时期的行业宣传工作更上新台阶贡献自己的力量。

（武汉市工程建设全过程咨询与监理协会 供稿）

河南省建设监理协会发布团体标准《第三方巡查服务工作标准》

近日，河南省建设监理协会发布了团体标准《第三方巡查服务工作标准》。该标准旨在促进监理巡查服务管理工作的规范、高效，验证巡查机构管理体系运行的适应性、充分性和有效性，统一项目巡查工作的评价标准，促进监理巡查服务水平的提高。

该标准由河南省建设监理协会组织立项，建基工程咨询有限公司、郑州大学建设科技集团有限公司、中建卓越建设管理有限公司等单位共同编制，经河南省建设监理协会组织专家评审通过，批准发布，编号为 T/HAEC 004-2022，自 2022 年 7 月 1 日实施，供会员单位和相关单位自愿采用。

《第三方巡查服务工作标准》可从中国建设监理协会网站行业及地方动态栏目或河南省建设监理协会网站通知公告栏目下载。

（河南省建设监理协会　供稿）

中共山东省建设监理与咨询协会支部成立大会胜利召开

按照山东省建设监理与咨询协会 2022 年第一次理事长会议安排部署，5 月 20 日，山东省建设监理与咨询协会党支部党员大会在济南召开。省协会副理事长兼秘书长陈文同志、副秘书长陈刚及全体党员、群众等 8 人参加，会议由省协会副秘书长陈刚主持。

会议上，陈刚同志汇报了省协会党支部筹备建立的工作总体情况。陈文同志宣读了中共山东省社会组织综合委员会《关于同意成立山东省建设监理与咨询协会党支部的批复》，标志着省协会党支部已经批准正式成立。会议按照《中国共产党章程》《中国共产党基层组织选举工作暂行条例》等规定，通过全体党员无记名投票差额选举，陈文同志当选为中共山东省建设监理与咨询协会支部书记。

陈文书记在表态发言中强调，今后协会的工作要以党建为引领，充分发挥党支部战斗堡垒作用；决心抓好党员思想政治和业务学习，进一步提高党员同志综合素质；提出要党建、业务两融合，打造精诚团结的优秀党员队伍；要勤勉务实，提升自我，各方面做好表率，与广大党员一起勤奋工作、恪尽职守、严于律己，做一个让组织放心、党员满意的合格书记。

省协会党支部的成立是协会成长发展的重要里程碑，陈文书记希望省协会党支部全体党员积极发挥先锋模范作用，树牢"四个意识"，坚定"四个自信"，做到"两个维护"，切实在政治上、思想上、行动上与上级党组织保持高度一致。同时，认真宣传贯彻党的基本路线和方针政策，积极促进会员单位做好党建工作，引导各会员单位遵纪守法，全力推动全省工程监理与咨询行业高质量发展，以优异的成绩向党的二十大献礼。

（山东省建设监理与咨询协会　供稿）

广东省建设监理协会工会开展"抗疫有你，关爱有我"关心关爱抗疫一线人员活动

2022 年 4 月 14 日下午，协会党支部书记、秘书长邓强率工会委员和秘书处代表一行 5 人，到广州市越秀区北京街道仁生里社区开展"抗疫有你，关爱有我"关心关爱抗疫一线人员的主题活动。在北京街仁生里社区居委会主任钟斌的带领下，协会秘书处一行走街串巷，代表协会看望慰问该社区抗疫一线工作者，并捐赠防护服、N95 口罩、医用隔离面罩等急需抗疫物资，以及防暑降温等饮品。协会秘书处对他们为社会的无私奉献表示了诚挚的敬意。

爱心先行，尽显责任担当。一直以来，协会高度重视并积极投身社会公益活动。本次暖心捐赠活动，协会以实际行动诠释行业组织的社会价值，既为疫情防控工作解决抗疫物资燃眉之急，也为社区抗疫一线工作者继续坚守岗位、逆向前行增添精神上的温暖。相信在上级政府的正确领导下，在广大人民群众的大力支持下，广州一定能打赢这场疫情防控阻击战。

（广东省建设监理协会　供稿）

"天津市2021年度监理企业、监理人员诚信评价"评审会顺利召开

2022 年 6 月 10 日，天津市建设监理协会根据《监理企业诚信评价管理办法》《监理人员诚信评价管理办法》有关规定组织召开了"天津市 2021 年度监理企业、监理人员诚信评价"评审会，诚信评价评审委员会的 5 位评审委员参加了会议。会议由协会副秘书长赵光琪同志主持。

评审会首先由协会秘书处办公室段琳主任汇报了本次诚信评价从前期准备工作、企业、个人申请、监理企业、人员诚信评价自评、资料审查、核查等各阶段的相关工作。

评审委员本着"公平、公正、认真、严谨"的原则认真开展对各监理企业、监理人员诚信评价的审定工作，确定监理企业、监理人员的诚信等级，并提交了《监理企业诚信评价评审报告》《监理人员诚信评价评审报告》。

监理协会组织开展的诚信评价工作在广大监理企业、行业专家的积极参与和大力支持下，加强了行业诚信体系建设，强化监理行业自律管理，保障了天津市建设监理事业健康、可持续发展。

（天津市建设监理协会　供稿）

2022年1月5日—4月20日公布的工程建设标准

序号	标准编号	标准名称	发布日期	实施日期
国标				
1	GB 55028—2022	《特殊设施工程项目规范》	2022/3/10	2022/10/1
2	GB 55027—2022	《城乡排水工程项目规范》	2022/3/10	2022/10/1
3	GB 55026—2022	《城市给水工程项目规范》	2022/3/10	2022/10/1
4	GB 55025—2022	《宿舍、旅馆建筑项目规范》	2022/3/10	2022/10/1
5	GB 55029—2022	《安全防范工程通用规范》	2022/3/10	2022/10/1
6	GB 55023—2022	《施工脚手架通用规范》	2022/3/10	2022/10/1
7	GB 55024—2022	《建筑电气与智能化通用规范》	2022/3/10	2022/10/1
8	GB 51442—2022	《钼冶炼厂工艺设计标准》	2022/1/5	2022/5/1
9	GB/T 50567—2022	《炼铁工艺炉壳体结构技术标准》	2022/1/5	2022/5/1
10	GB/T 51424—2022	《农业温室结构设计标准》	2022/1/5	2022/5/1
11	GB 50273—2022	《锅炉安装工程施工及验收标准》	2022/1/5	2022/5/1
行标				
1	JGJ/T 496—2022	《房屋建筑统一编码与基本属性数据标准》	2022/4/20	2022/7/1
2	JG/T 579—2021	《建筑装配式集成墙面》	2021/12/23	2022/3/1
3	CJJ/T 125—2021	《环境卫生图形符号标准》	2021/12/13	2022/3/1
4	CJJ/T 308—2021	《湿地公园设计标准》	2021/12/13	2022/3/1
5	CJ/T 245—2021	《建筑屋面排水用雨水斗通用技术条件》	2021/12/23	2022/3/1

住房和城乡建设部关于印发《房屋市政工程生产安全重大事故隐患判定标准（2022版）》的通知

各省、自治区住房和城乡建设厅，直辖市住房和城乡建设（管）委，新疆生产建设兵团住房和城乡建设局，山东省交通运输厅：

现将《房屋市政工程生产安全重大事故隐患判定标准（2022版）》（以下简称《判定标准》）印发给你们，请认真贯彻执行。

各级住房和城乡建设主管部门要把重大风险隐患当成事故来对待，将《判定标准》作为监管执法的重要依据，督促工程建设各方依法落实重大事故隐患排查治理主体责任，准确判定、及时消除各类重大事故隐患。要严格落实重大事故隐患排查治理挂牌督办等制度，着力从根本上消除事故隐患，牢牢守住安全生产底线。

住房和城乡建设部

2022 年 4 月 19 日

（此件公开发布）抄送：应急管理部。

房屋市政工程生产安全重大事故隐患判定标准（2022版）

第一条　为准确认定、及时消除房屋建筑和市政基础设施工程生产安全重大事故隐患，有效防范和遏制群死群伤事故发生，根据《中华人民共和国建筑法》《中华人民共和国安全生产法》《建设工程安全生产管理条例》等法律和行政法规，制定本标准。

第二条　本标准所称重大事故隐患，是指在房屋建筑和市政基础设施工程（以下简称房屋市政工程）施工过程中，存在的危害程度较大、可能导致群死群伤或造成重大经济损失的生产安全事故隐患。

第三条　本标准适用于判定新建、扩建、改建、拆除房屋市政工程的生产安全重大事故隐患。

县级及以上人民政府住房和城乡建设主管部门和施工安全监督机构在监督检查过程中可依照本标准判定房屋市政工程生产安全重大事故隐患。

第四条　施工安全管理有下列情形之一的，应判定为重大事故隐患：

（一）建筑施工企业未取得安全生产许可证擅自从事建筑施工活动；

（二）施工单位的主要负责人、项目负责人、专职安全生产管理人员未取得安全生产考核合格证书从事相关工作；

（三）建筑施工特种作业人员未取得特种作业人员操作资格证书上岗作业；

（四）危险性较大的分部分项工程未编制、未审核专项施工方案，或未按规定组织专家对"超过一定规模的危险性较大的分部分项工程范围"的专项施工方案进行论证。

第五条　基坑工程有下列情形之一的，应判定为重大事故隐患：

（一）对因基坑工程施工可能造成损害的毗邻重要建筑物、构筑物和地下管线等，未采取专项防护措施；

（二）基坑土方超挖且未采取有效措施；

（三）深基坑施工未进行第三方监测；

（四）有下列基坑坍塌风险预兆之一，且未及时处理：

1. 支护结构或周边建筑物变形值超过设计变形控制值；

2. 基坑侧壁出现大量漏水、流土；

3. 基坑底部出现管涌；

4. 桩间土流失孔洞深度超过桩径。

第六条　模板工程有下列情形之一的，应判定为重大事故隐患：

（一）模板工程的地基基础承载力和变形不满足设计要求；

（二）模板支架承受的施工荷载超过设计值；

（三）模板支架拆除及滑模、爬模爬升时，混凝土强度未达到设计或规范要求。

第七条　脚手架工程有下列情形之一的，应判定为重大事故隐患：

（一）脚手架工程的地基基础承载力和变形不满足设计要求；

（二）未设置连墙件或连墙件整层缺失；

（三）附着式升降脚手架未经验收合格即投入使用；

（四）附着式升降脚手架的防倾覆、防坠落或同步升降控制装置不符合设计要求、失效、被人为拆除破坏；

（五）附着式升降脚手架使用过程中架体悬臂高度大于架体高度的2/5或大于6米。

第八条　起重机械及吊装工程有下列情形之一的，应判定为重大事故隐患：

（一）塔式起重机、施工升降机、物料提升机等起重机械设备未经验收合格即投入使用，或未按规定办理使用登记；

（二）塔式起重机独立起升高度、附着间距和最高附着以上的最大悬高及垂直度不符合规范要求；

（三）施工升降机附着间距和最高附着以上的最大悬高及垂直度不符合规范要求；

（四）起重机械安装、拆卸、顶升加节以及附着前未对结构件、顶升机构和附着装置以及高强度螺栓、销轴、定位板等连接件及安全装置进行检查；

（五）建筑起重机械的安全装置不齐

全、失效或者被违规拆除、破坏；

（六）施工升降机防坠安全器超过定期检验有效期，标准节连接螺栓缺失或失效；

（七）建筑起重机械的地基基础承载力和变形不满足设计要求。

第九条　高处作业有下列情形之一的，应判定为重大事故隐患：

（一）钢结构、网架安装用支撑结构地基基础承载力和变形不满足设计要求，钢结构、网架安装用支撑结构未按设计要求设置防倾覆装置；

（二）单榀钢桁架（屋架）安装时未采取防失稳措施；

（三）悬挑式操作平台的搁置点、拉结点、支撑点未设置在稳定的主体结构上，且未做可靠连接。

第十条　施工临时用电方面，特殊作业环境（隧道、人防工程，高温、有导电灰尘、比较潮湿等作业环境）照明未按规定使用安全电压的，应判定为重大事故隐患。

第十一条　有限空间作业有下列情形之一的，应判定为重大事故隐患：

（一）有限空间作业未履行"作业审批制度"，未对施工人员进行专项安全教育培训，未执行"先通风、再检测、后作业"原则；

（二）有限空间作业时现场未有专人负责监护工作。

第十二条　拆除工程方面，拆除施工作业顺序不符合规范和施工方案要求的，应判定为重大事故隐患。

第十三条　暗挖工程有下列情形之一的，应判定为重大事故隐患：

（一）作业面带水施工未采取相关措施，或地下水控制措施失效且继续施工；

（二）施工时出现涌水、涌沙、局部坍塌，支护结构扭曲变形或出现裂缝，且有不断增大趋势，未及时采取措施。

第十四条　使用危害程度较大、可能导致群死群伤或造成重大经济损失的施工工艺、设备和材料，应判定为重大事故隐患。

第十五条　其他严重违反房屋市政工程安全生产法律法规、部门规章及强制性标准，且存在危害程度较大、可能导致群死群伤或造成重大经济损失的现实危险，应判定为重大事故隐患。

第十六条　本标准自发布之日起执行。

住宅毛坯房隔声减振地面混凝土裂缝防治措施

闫天罡

建研凯勃建设工程咨询有限公司

摘　要：近些年安置房、回迁房等政策性住房较多，且大部分都是毛坯房交付。毛坯房地面做法通常都是结构楼面做完水电管后使用细石混凝土做一层找平层。目前由于《绿色建筑评价标准》GB/T 50378—2019 和《民用建筑隔声设计规范》GB 50118—2010的联合要求，住宅地面均设计了隔声减振做法。因此毛坯房地面找平层特别容易开裂，且常规抗裂措施效果不明显。由此造成纠纷的情况不少。现将北京市通州区次渠某安置房项目作为案例，分析了混凝土楼面的工艺流程及操作要点，最后提出了裂缝防治措施，以供参考。

关键词：住宅毛坯房；隔声减振混凝土楼地面；楼地面裂缝；裂缝防治

一、项目背景

此案例安置房项目位于北京市通州区次渠。项目已完成三个区域，约合计 55 万 m²，其中住宅 18 栋，每栋地上 28 层。

本工程楼地面做法：（1）预留 30mm 厚地砖面层及黏结层，用户自理；（2）65mm 厚 C20 细石混凝土（内配 25mm×25mm×0.8mm 钢丝网），随抹随平；（3）5mm 厚电子交联发泡聚乙烯减振垫；（4）现浇钢架混凝土楼板。

二、施工中出现的问题

隔声减振混凝土楼地面特别容易开裂，因此施工前讨论做法，需考虑抗裂各种措施，总结一种既简单又经济的成熟做法。因此在大面积开展施工前，选各种户型进行做法试验。

1. 第一试验，选一户按照设计做法表，采用 65mm 厚 C20 细石混凝土（内配 25mm×25mm×0.8mm 钢丝网），随抹随平。正常一天两次洒水养护 7 天，浇筑后 7~30 天观察。观察发现在养护期门口、墙边、墙角逐步出现裂缝，随时间增加裂缝延长，整个地面甚至出现通长裂缝。

2. 第二试验，在第一试验 10 天后开始，根据裂缝情况开始实施。另选一户基于第一试验做法，门口处、面积大

于 20m² 房间中间、地面一边长度超过 5m 等情况，再增加分隔措施，混凝土地面与墙壁之间采用挤塑板条隔开，钢筋网片连续布置且使用扎丝绑扎连接牢固。正常一天两次洒水养护 7 天，浇筑后 7~30 天观察。观察发现，做完分隔后地面未出现通长裂缝，墙角和墙边地面裂缝明显减少，但仍存在细微裂缝，且在养护期就出现裂缝，随时间裂缝长度和宽度均有所增加。

3. 第三试验，在第二试验 10 天后开始，根据裂缝情况开始实施。再选一户基于之前试验做法的基础，再增加养护措施，使用棉布覆盖浇水养护，另增加面层部位在收面前压入耐碱网格布。

观察发现，未再出现裂缝，直到交房仅有不到1%的房间局部出现长度不足20cm的轻微裂缝。

三、裂缝的原因

通过对各种裂缝观察，采取对应措施，再对各阶段试验条件分析总结，地面形成裂缝的主要原因有几点：

1. 第一次试验裂缝最开始出现的部位，主要集中在墙角、墙边、门口，然后逐步延长。混凝土地面开裂及发展主要是因为基层铺设水电管及减振垫导致混凝土不均匀变形，门口、墙角裂缝和墙边裂缝是因混凝土干燥时地面与周边墙面粘连，收缩产生应力，导致裂缝形成。

2. 第二次试验根据第一次试验分析的原因，采取对应措施。实施后仍有裂缝出现，主要原因是北京地区秋季风大，地面施工时窗户未封闭，养护水分干燥过快，形成了干缩裂缝，再结合部分混凝土仍存在的应力，导致仍有裂缝出现。

3. 其他原因。水电管道铺设不牢固，存在起翘变形问题；钢筋网片固定不牢固，分离、下沉等情况；浇筑期间作业人员擅自加水拌和混凝土等。

四、防治措施

针对上述原因，我们在减振隔声混凝土地面施工中，采取了以下治理措施：

1. 根据上述试验及改进措施，认真编制施工方案，经审批通过后，严格按照方案对管理人员和操作人员进行施工前的技术交底工作，并要求质检人员加强关键环节的检查验收工作，避免因操作问题造成质量隐患。

2. 地面混凝土施工前必须进行基层处理及验收。必须将浮灰、砂浆及腻子散落物、凹坑等杂物及缺陷修补平整。地面铺设的水电管道，必须按照规范数量使用管卡固定牢固，不得翘曲变形，地面混凝土施工时，地面预埋水管必须保压作业。减振隔声垫必须紧实平整铺设在基层，隔声垫下面严禁存在积水。地面周边沿墙壁施工前黏贴不少于10mm厚，高度随地面高度的挤塑板条，必须与墙壁黏结牢固，挤塑板条之间接缝密实。钢筋网片放置时使用同标号的混凝土垫块架设至地面混凝土高度的中上部位，为更好地解决应力问题，钢筋网片必须连续布置，不得断开，连续布置的钢筋网片需使用扎丝绑扎牢固，可以使钢筋网片整体性及抗变形能力更强。作业部位使用脚手板铺设通道，严禁踩踏损坏钢筋网片。浇筑混凝土使用的泵管必须使用专用垫木固定架设，避免破坏水电管道及钢筋网片。

3. 明确设置分隔缝的位置规定，降低人为操作的质量风险。凡是门口处均需设置塑料分隔条，墙壁阳角位置结合布局设置分隔条，对于单间面积超过20m²的房间，在垂直于长方向的地面中间设置分隔条，对于单间面积未超过20m²的房间但单方向长度超过5m的房间，同样在垂直于长方向的地面中间设置分隔条。

4. 加强混凝土质量控制，施工前应与商品混凝土搅拌站事先沟通，采用收缩小、早期强度高、和易性好的混凝土。严格控制现场混凝土坍落度，不满足要求的混凝土一律退回商混搅拌站，严禁现场加水拌和。

5. 改进施工工艺。地面混凝土浇筑完成后，使用铁辊子和铁抹子反复碾压和拍实墙角部位，然后对整个地面收平，收平后压入一道耐碱网格布，利用原浆抹光压实，压实后用毛刷拉毛。

6. 加强养护。混凝土终凝后应及时派专人观察干燥及强度情况，具备条件后及时铺设棉布等保湿措施对地面混凝土进行保湿养护，养护期间每天不少于3次，严禁使用蓄水法。养护期不少于7天，应安排专人负责各楼层养护作业，必须保证棉布不间断的湿润。养护用棉布必须多配备几层，不得因周转使用影响养护时间。

7. 注意成品保护。地面混凝土施工完成后，养护期应只有养护人员和少量管理人员可以进入房间。在养护期间不得进行大量上人作业，且严禁在地面混凝土强度未达到设计强度100%之前进行开槽、剔凿等扰动施工。

结语

通过项目实践，及后期交付业主回访及质量问题投诉统计来看，从2019年第一期到2021年第三期交付，本项目因地面问题被提出或者被投诉不足千分之一。因此采用本方法实施的隔声减振混凝土地面抗裂能力得到了显著改善，地面施工质量得到了明显提高，在竣工验收中得到了各方好评。

参考文献

[1] 陈进兴，刘永红，孙绪鹏. 低温热水地板辐射采暖系统水泥楼地面裂缝原因及防治[J]. 建筑施工，2005，27（11）：39-40.

[2] 赵华. 低温热水辐射采暖楼地面裂缝控制及防治[J]. 建筑技术开发，2019，46（10）：105-106.

[3] 陈豫川. 建筑工程楼地面裂缝预防治措施及处理工艺[J]. 工程技术研究，2021，6（21）：151-152.

抽水蓄能电站工程监理安全生产管控模式实践与思考

王 波 侯延学

中国水利水电建设工程咨询北京有限公司

前言

2020 年随着"双碳"目标的提出，"构建以新能源为主体的新型电力系统"的战略规划蓝图徐徐展开，抽水蓄能成为这个庞大规划体系能否实现的重中之重。

2021 年国家能源局正式印发《抽水蓄能中长期发展规划（2021–2035年）》，并提出，按照能核尽核、能开尽开的原则，在规划重点实施项目库内核准建设抽水蓄能电站。根据规划，到 2025 年，抽水蓄能投产总规模较"十三五"翻一番，达到 62GW 以上；到 2030 年，抽水蓄能投产总规模较"十四五"再翻一番，达到 120GW 左右。抽水蓄能电站已进入快速发展期。

中国水利水电建设工程咨询北京有限公司享有抽水蓄能监理咨询资源优势，截至今日，公司已相继承担了北京十三陵、山东泰安、河北张河湾、江苏宜兴、河南宝泉、安徽响水涧、浙江仙居、内蒙古呼和浩特、黑龙江荒沟、河南天池、安徽金寨、江苏句容、浙江宁海、浙江衢江、浙江磐安共 15 座抽水蓄能电站的施工监理业务和其中部分电站的设计监理，监理的电站装机规模达到 1745 万 kW，占国内抽蓄已建、在建电站数量和总装机规模的 1/5，在国内大型抽水蓄能电站监理业务领域的市场份额超过 30％，技术水平和管理能力日益成熟，成为国内抽水蓄能电站领域监理的骨干企业。

一、抽水蓄能电站特点

抽水蓄能电站是利用电力负荷低谷时的电能抽水至上水库，在电力负荷高峰期再放水至下水库发电的水电站，又称蓄能式水电站。它可将电网负荷低时的多余电能，转变为电网高峰时期的高价值电能，还适用于调频、调相，稳定电力系统的周波和电压，且宜为事故备用，还可提高系统中风光电站、火电站和核电站的效率。

二、抽水蓄能电站安全管理重点和难点

（一）地质气候条件

抽水蓄能电站建设涉及大量的地下洞室和高边坡工程。大洞室、斜井、竖井等洞室群多，施工强度高，施工工作面多，施工组织复杂；陡倾角、大直径长斜井是蓄能电站引水系统特有的建筑物，技术复杂、施工难度较大；上下水库进出水口及开关站等部位高边坡施工难度大，加之不可预见的地质条件给安全管理带来较大风险。

抽水蓄能电站建设工期长，开挖裸露高边坡多，在集中降雨频繁等情况下，容易引发边坡滑塌等次生灾害。对地质条件的掌握和及时对高边坡进行支护等措施应该作为重点工作。

（二）施工技术管理

抽蓄工程较常规水电和其他行业领域相比，技术创新不足，对于新工艺、新设备的应用和创新不足，导致工艺落后，安全风险不能有效降低。因此在工程建设过程中应重视改进施工工艺和方法，从而减小施工过程中的安全风险。

（三）施工队伍管理

在抽水蓄能工程建设领域普遍存在用工短缺，施工作业人员不稳定，流动性非常大；作业人员劳动技能和安全技术水平参差不齐，用工成本大幅增加，作业技能不能满足相关工艺工法的要求；分包单价普遍偏低及安全意识普遍不高等情况，导致工程施工过程中安全问题突出、管理困难等情况，也加大了工程过程管理和安全、质量风险管控的难度，甚至会影响整个工程的形象。

（四）施工风险管理

根据近年来抽水蓄能电站工程的事故分析，主要发生的事故为一般生产安全事故，重大安全生产事故较少，说明建设过程安全管理中，对于危险性较大的施工风险管控力度较大，而一般施工风险的

管控力度偏弱，从而导致一般事故多发、频发，更深层的原因在于管理上的疏忽和大意。加大一般施工风险的管理力度可有效控制一般事故的发生概率。

三、主要安全管理方法实践

（一）技术手段降低施工安全风险

1. 斜井开挖工艺改进

经调研国内已完建和在建抽水蓄能电站工程斜井施工方法及经验，基本采用安利马赫（Alimak）爬罐反导井开挖和人工正向全断面扩挖技术，金寨电站为减小施工安全风险，采用了TR3000反井导井开挖施工技术，消除了传统工艺施工过程中存在的爬罐脱轨、停机、堵井等施工安全风险。

在斜井扩挖过程中首次研究实施了扩挖三角台车，人工扒渣工程量大幅度减少，从而减小了人员坠井的施工安全风险，该项研究已获得国家实用新型专利。

在斜井提升系统中采用了同轴双卷筒卷扬机，运输台车与载人提升系统分离等技术，避免了人、货混装等问题，提高了人员上、下斜井的安全系数。

2. 高边坡开挖工艺改进

抽水蓄能电站工程高边坡开挖是工程施工高风险项目之一，经调研国内抽水蓄能电站施工方法，基本采用先开挖至马道后，再搭设脚手架进行支护的方法，但该方法在施工过程中会存在因地质或天气原因导致的边坡垮塌风险，以及脚手架坍塌等施工风险。对此，金寨、衢江、磐安抽蓄工程优化创新施工工艺，采用了"小开挖、快支护"施工方法，一次预裂爆破（约10~15m），二次梯段爆破，分层（间隔约2m）出渣，并在出渣后立即对裸露边坡进行支护，减小

了脚手架搭、拆和使用的安全风险。

3. 模板支撑体系工艺改进

模板支撑体系及施工作业脚手架坍塌，是抽水蓄能电站工程的主要施工风险，目前抽水蓄能电站工程常用的依旧是普通扣件式钢管脚手架，使用Q235材质钢管，且在脚手架搭设过程中，受人为因素影响，相关搭设参数难以控制。

因此，在金寨、天池、句容等抽水蓄能电站工程采用了承插型盘扣式脚手架，该脚手架立杆采用Q345钢管，在力学性能上有了较大提升，另在脚手架的搭拆方面，承插型盘扣式脚手架搭拆简单，施工速度快，且搭设过程中，减少了受人为因素导致搭设不规范等问题，提高了支撑体系及作业脚手架的稳定性，减小了坍塌风险。

4. 硐室通风研究与改进

抽水蓄能电站工程地下硐室开挖过程中，散烟和降尘是一大难点，中小型硐室在爆破完成后，若硐室深度过大，通风散烟的时间会更长，且在施工过程中，受打钻、喷混凝土等必要的施工工序影响，洞内空气质量较差，严重影响施工作业人员健康，增大了尘肺病等职业病的患病概率。

因此，金寨电站工程采用了西班牙进口风机，该风机相比目前国产风机，采用了无级变速技术，具有风量大、损耗率低、噪声小、用电量小等特点，改善了地下硐室施工作业环境，保证了施工作业人员职业健康。

（二）提高管理水平减少施工安全隐患

1. 创新实施"一岗双责"安全管理办法

2016年12月，在《关于推进安全生产领域改革发展的意见》中正式提

出了"三管三必须"和"一岗双责"的要求，在2021年度将该要求正式写入《安全生产法》，进一步强化岗位安全职责的落实，但目前落实岗位安全职责方面还存在不足。咨询公司金寨监理部自2017年3月开始探索创新实施"一岗双责"安全管理办法，制定管理办法和岗位职责清单，以风险管控和隐患排查治理为核心，采用量化指标和积分制的办法，结合激励与考核制度，对监理人员安全管理履职情况实施综合考评，进而达到预先发现隐患、消除隐患的目的，避免安全事故的发生。在实施过程中定期对考核情况进行总结，不断完善"一岗双责"安全管理办法内容，目前该管理办法在公司所承监的抽水蓄能电站得到广泛应用，效果良好。

2. 高标准管理施工作业队伍

工程施工过程中，施工作业队伍作为现场作业的主要载体，安全水平的高低直接影响到工程施工安全。在施工队伍选择时，除资质审查外，要对作业队伍的安全管理水平进行调查，重点参考队伍在其他工程的安全业绩和评价，对于出现过安全事故、现场安全管理水平低下的作业队伍一律不予采用。

在施工过程中，要严加管控施工作业队伍，决不允许出现"层层分包""违法转包"等情况，更不允许出现总包方提取管理费后任由作业队伍施工，出现"以包代管"等情况。要对施工作业队伍进行动态评价，建立考核评价机制，对于施工作业队伍的不安全行为要及时曝光处置，并进行统计分析。对于施工作业队伍的安全履约行为要定期进行考核评价，对于安全管理混乱、发生安全事故等作业队伍，该停工的坚决停工，该清退的必须清退。

承包商按月度及时支付分包工程款，举办农民工夜校集中开展现场作业人员安全知识及技能培训，提升安全综合业务能力；尝试开展"每周一小时"安全质量生产讲堂活动，建立各单位经验交流学习平台，实现各单位共同提高。

3. 强化施工作业人员安全管理

针对抽水蓄能人员流动频繁、流动量大等特点，要建立一套完善的人员管理机制，包含从人员进场到退场全过程的管理制度，实时掌握作业人员信息。

加强作业人员安全培训教育，分层、分专业、分岗位实施人员的安全培训教育，提高管理人员及施工作业人员的安全知识水平和安全意识，管理人员及施工作业人员能力要满足岗位需求，对作业水平低、反复违章、安全素质能力严重不足的作业人员，及时清理出场。

4. 创新实施监理 BIM 应用技术

目前国内 BIM 技术应用已较为广泛，本公司依托金寨抽水蓄能电站探索实施监理 BIM 系统，由监理单位独立搭建运维，以监理单位为项目管理主体，针对水电建设监理过程控制特点搭建，形成金寨工程三维可视化系统，建立 BIM 协同管理平台，搭设现场服务器，将施工现场各项信息输入，形成关联数据库，安全管理作为该系统的一部分，结合"8 项核心要素"搭建施工安全控制模块，以施工监理阶段安全管理控制为主要目的。

四、下一步安全管理思考

（一）增强安全管理配置

一是在工程建设环节增加安全管理人员配置，人员既要数量满足工程需求，又要在能力方面符合要求；二是严格落实全员安全职责，最主要还是主要负责人的安全意识，主要负责人要亲自部署、亲自推动，且不能"口头上重视，行动上漠视"；三是要经常性地开展安全相关活动，积极营造良好的安全氛围。

（二）提高风险管控和隐患排查力度

根据目前抽水蓄能电站发生的一般事故较多的特点，应进一步加强日常反违章管理和一般风险管控。杜绝"一般施工风险不会出事故"的麻痹和侥幸心理，制定详细的风险管控程序并落实管控手段。

（三）建立完善的奖惩机制

在目前建设工程的管理中，对于日常习惯性违章等现象大部分情况是要求进行整改，少量情况进行惩处。对于个别情况进行惩处后，在落实过程中到分包队伍层面就"断层"，未向一线施工作业人员传递惩处结果，使作业人员对于违章的结果不清楚，对于违章可能会导致的事故结果严重性不了解。良好的奖惩机制能使工程安全管理进一步推进，要建立好完善的奖惩机制，重罚轻奖会使安全管理激励性不足，要对表现优异的分包商、施工班组和个人进行奖励，激励全员积极参与到安全管理过程中，违章处罚既要包含管理人员，也要包含违章作业本人，对于安全管理较差、经常性违章作业的分包商、作业班组和个人要重罚，让其意识到违反安全规程的后果，杜绝违章作业。

（四）提高应急管理和处置能力

目前工程建设过程中，对应急管理重视程度不够，应急预案作为上级单位检查的资料已成为常态，在日常检查中也未将应急管理纳入检查内容，在事故发生后未及时采取相应的应急措施，导致救援不及时或事故进一步扩大。应急管理作为安全管理的最后一道防线，要提高工程应急管理和处置能力，能控制和减小事故的后果和影响。要制定科学、有操作性的应急预案和处置方案；储备充足的应急救援物资并定期检查保证其完好；经常进行应急演练，提高应急队伍处理突发事件的能力和效率。

（五）探索创新安全管理手段

安全生产管理工作发展到今天，已逐步走上系统化、专业化、信息化发展轨道。根据国家互联网技术不断的创新发展，目前各大企业在积极探索研究智能化安全管理手段和平台，如安全智能管控系统、BIM 等新技术应用等，在后续的工程中不断探索新的安全管理手段和方法。

结语

监理作为工程建设管理主体之一，应遵循守法、诚信、公平、科学的原则。本公司在实施监理过程中，将质量安全风险防控作为相关管理的关键控制要点，对业主单位做出监理承诺，始终坚守诚信承诺，定期进行质量安全管理总结，向业主单位汇报情况，保证履约诚信的初心，完成精品工程的建设。

参考文献

[1] 江西省安全生产监管局.江西丰城发电厂"11·24"冷却塔施工平台坍塌特别重大事故调查报告.(2017-09-25).http://www.jiangxi.gov.cn/art/2018/10/19/art_5322_392475.html

[2]《危险性较大的分部分项工程安全管理规定》(住房和城乡建设部部令第 37 号)。

[3]《住房城乡建设部办公厅关于实施〈危险性较大的分部分项工程安全管理规定〉有关问题的通知》(建办质〔2018〕31 号)。

[4] 电力建设工程施工安全管理导则：NB/T 10096-2018 [S].北京：中国电力出版社,2019.

[5]《国家电网公司水电工程施工安全风险识别、评估及预控措施管理办法》.国网(基建/3)792—2016.

上拉式悬挑脚手架监理控制要点

刘 钦

中韬华胜工程科技有限公司

一、工程概况

金银潭医院为抗击新冠疫情做出了卓绝贡献。应急病房楼项目位于东西湖区金银潭医院内，紧邻南北住院楼建筑物，项目总投资约 3.5 亿元，工期计划 820 天，总建筑面积 36734m² （其中地上建筑面积 23396m²，地下建筑面积 13338m² ）。框架剪力墙结构，地上 10 层，地下 2 层，建筑高度 46.3m，基坑开口面积约为 7882m²，周长约为 390m。建成后将增加病房床位数 236 张，其中负压病房床位数 45 张。

二、上拉式悬挑脚手架

（一）技术参数表（表 1）

（二）主要材料参数表（表 2）

（三）上拉式脚手架优点

1. 上拉式脚手架使用材料轻便，在作业层安装过程中，安装周期缩短，给挑架层施工节约了时间，相比传统型悬挑架，减少了钢材用量，悬挑钢梁长度比传统悬挑钢梁缩短一半以上，降低了成本。

2. 由于悬挑钢梁不必伸入建筑物内，无须墙面预留洞口，墙面施工时无须再次封补，对后续作业楼层面地坪施工不影响，无须等悬挑钢梁拆除后再进

技术参数表			表 1
脚手架排数	双排	纵、横向水平杆布置方式	纵向水平杆在上
立杆纵距 / m	1.5	立杆横距 / m	0.8
立杆步距 / m	1.8	内立杆离墙间距 / m	0.3
搭设/计算高度 / m	17.6/26.4	钢管类型	$\phi 48.0 \times 2.7$
连墙件连接方式	扣件连接	连墙件布置方式	2步3跨
挡脚板	2步1设	脚手板	1步1设
横向斜撑	6跨1设	安全网	全封闭
地区	武汉市	基本风压/（kN/m²）	0.25
主梁合并根数n_2	1	主梁建筑物外悬挑长度L_x / mm	1300
主梁材料规格	16号工字钢	梁/楼板混凝土强度等级	C30
悬挑方式	普通主梁悬挑	锚固点设置方式	锚固螺栓

主要材料参数表				表 2
名称	规格	用途	单位	备注
钢管	6mϕ48.0mm×2.7mm	纵向水平杆、立杆、剪刀撑	根	租赁
	1.1mϕ48.0mm×2.7mm	横向水平杆、连墙件	根	租赁
钢笆脚手板	1000mm×750mm	脚手板	块	租赁
扣件	—	各杆件的连接	个	租赁
安全网	6m×1.5m 2000目	防坠	张	采购
斜拉杆	ϕ20	卸荷拉杆	米	采购
螺栓	M20	连接型钢、上吊拉点	个	采购
花篮螺栓	500mm或600mm	调节斜拉杆	个	采购
垫板	100mm×100mm×8mm	安装螺栓	个	采购
螺母	M20	安装螺栓	个	采购
16号工字钢	1.3m	悬挑主梁	根	采购
	1.4m	悬挑主梁	根	采购
	2.2m	悬挑主梁	根	采购
	2.4m	悬挑主梁	根	采购

项目鸟瞰图

行地坪施工，加快了室内装修进度，降低了洞口渗水的质量通病又缩短了工期。

3. 悬挑钢梁上部基本与混凝土楼层面持平，铺上旧模板后防护到位，便于清理。

三、监理控制要点

（一）专项施工方案

根据《危险性较大的分部分项工程安全管理规定》（住房和城乡建设部令第37号）、《住房和城乡建设部办公厅关于实施〈危险性较大的分部分项工程安全管理规定〉有关问题的通知》（建办质〔2018〕31号）规定，采用新技术、新工艺、新材料、新设备可能影响工程施工安全，尚无国家、行业及地方技术标准的分部分项工程，属于超过一定规模的危大工程，专项施工方案应组织专家论证。所以在脚手架施工前，监理工程师应要求施工单位组织专家论证，监理工程师参加，审批论证后的方案，通过后再允许施工。在施工完成后应督促施

工单位请论证专家进行回访，记录回访意见，专家同意后才能投入使用。

（二）成品工字钢和钢板

本项目悬挑主梁采用16号工字钢和200mm×200mm×10mm厚钢板，由专业厂家提供成品构件，监理工程师在材料进场时应查验和收集生产厂家资质、构件合格证、出厂检验报告等资料，同时用卷尺和游标卡尺测量工字钢尺寸和钢板厚度，16号工字钢高160mm，腿宽88mm，腹厚6mm，监理工程师应逐一检查，以保证悬挑架体主梁结构的安全性。最后还应检查主梁构件的焊接质量，不得有裂缝、变形、锈蚀等情况，不符合要求的应退场，不得使用，有怀疑质量问题的焊接部位可以要求进行焊缝探伤检测。

（三）M20 8.8级高强度螺栓

本项目悬挑梁与建筑物采用2根M20高强度螺栓连接，双螺母加压板固定，在结构施工时预埋2根塑料套管，套管尾部留设方形螺纹块，后期螺栓可以拧紧，花篮上拉杆预埋1根塑料套管，

同样采用双螺母加压板和斜螺杆固定。

监理工程师在材料进场时应查验和收集螺栓合格证、出厂检验报告等资料，用游标卡尺检查螺栓直径是否符合要求，观察螺栓外观质量，若有破裂和严重锈蚀的应禁止使用。在施工过程中首先检查塑料套管预埋平面点位是否与方案相同，以保证搭设的外脚手架立杆间距符合要求，其次还应检查埋设的塑料套管是否固定牢固，以免浇筑混凝土时导致移位，无法使用，最后要注意主梁的安装时间，按规范要求主体结构强度大于10MPa时才能进行主梁安装作业，施工单位往往为了赶工期，强度不到就开始安装，形成安全隐患。

（四）花篮钢筋拉杆

花篮螺栓采用C45钢50mm×50mm正反丝螺母与3根600mm长Φ14碳素优质钢进行双面焊接，加工成型的花篮螺栓进行组合安装，上端Φ20mm×2.1m碳素优质钢与200mm×80mm×10mm铁板弯曲成20°，打孔切割槽距（槽距为20mm×80mm）后进行4条长80mm正反面坡口焊接，焊缝宽8mm。下端Φ20mm×2.0m碳素优质钢与200mm×180mm×10mm铁板，打孔切割槽距（槽距为20mm×80mm）后进行4条长80mm正反面坡口焊接，焊缝宽8mm。由于进场时是成品构件，监理工程师主要检查合格证、出厂检验报告等资料，检查其焊接质量、钢筋规格、大小即可。

根据《建筑施工悬挑式钢管脚手架安全技术规程》DGJ32/J 121—2011中第3.2.7条要求，钢梁悬挑长度小于等于1800mm时，宜设置1根钢筋拉杆，悬挑长度大于1800mm且小于等于3000mm时，宜设置2根内外钢筋拉杆，水平夹角

预埋的高强螺栓套管

安装完成的悬挑梁

不小于45°。本项目主体结构四角为圆弧，悬挑梁长度2200~2400mm，所以需要设置2根钢筋拉杆，监理工程师在验收时就发现施工单位只设置了1根拉杆，不符合规范和施工方案要求，随即要求立即整改，保证了悬挑外架的安全性，最终施工单位按要求积极进行了整改，这一点容易出错，监理工程师应重点关注。

（五）扣件式钢管脚手架构造

钢管脚手架的搭设与常用的外脚手架构造一致，主要控制要点是钢管材料、立杆间距、水平杆步距、剪刀撑设置、连墙件布置、安全密目网设置、脚手板设置。

本项目采用ϕ48mm钢管，壁厚用最不利2.7mm厚度计算，双排脚手架立杆间距1.5m，步距1.8m，底部设置纵横扫地杆，外侧全高全长连续设置剪刀撑，连墙件2步3跨设置与主体结构刚性连接，外架每层安全网全封闭，底部1步1设脚手板，立杆对接采用对接扣件连接，交错布置。监理工程师应在搭设时检查构造参数是否与方案相同，按照技术参数表里的参数逐一检查现场搭设情况，搭设完成后组织施工单位进行专项验收，验收通过后才允许使用。

（六）安全管理

在脚手架搭设前，施工单位应按要求做好安全技术"双交底"工作，技术负责人对管理人员交底，管理人员对班组交底，监理工程师应督促落实，也可以参与其中，将安全控制要点告知施工单位，更好地做好安全预控，交底完成后收集交底资料。监理工程师还应检查搭设人员的特种作业操作资格证是否有效，现场搭设时必须人证合一，在整个搭设过程中，监理工程师应进行旁站，并填写旁站记录。

在脚手架使用过程中，每天应对悬挑主梁进行检查，查看螺栓是否松动，周边混凝土是否有裂缝，吊拉构件是否松弛，构件及节点是否变形、锈蚀，架体上的施工荷载必须符合设计要求，严禁超载使用，架体上的垃圾杂物应及时清理，严禁扩大脚手架使用范围，不得随意拆除脚手架任何构件。

在本项目施工过程中，因为外墙砌体或者幕墙埋板、龙骨施工，有的上拉杆挡住了无法施工，所以施工单位私自拆除了部分上拉杆，监理工程师发现此错误行为后立即要求恢复，解决此问题的办法只有等外架拆除后，再进行下一道工序施工，监理工程师每日应进行危大工程专项巡视，做好监理的安全履职工作，保证悬挑架安全运行。

结语

上拉式悬挑脚手架目前无国家规范和行业标准，只有江苏省《建筑施工悬挑式钢管脚手架安全技术规程》DGJ32/J 121—2011中有此类架体，湖北省也无相关规范标准，使用该架体进行方案编制和专家论证的均参照江苏省地方标准。武汉市部分行政区还禁止使用该架体，但该种架体对比常规悬挑脚手架确实有其优点，如经济效益高、缩短装饰装修工期、减少外墙漏水质量隐患等，应进行推广，监理工程师作为现场一线管理人员更应该学习和运用，目前金银潭医院项目两层悬挑外架使用正常，下一步准备拆除。

参考文献

[1] 建筑施工悬挑式钢管脚手架安全技术规程：DGJ32/J 121—2011[S].

[2] 建筑施工扣件式钢管脚手架安全技术规范：JGJ 130—2011[S]. 北京：中国建筑工业出版社，2011.

[3] 《住房城乡建设部办公厅关于实施〈危险性较大的分部分项工程安全管理规定〉有关问题的通知》(建办质〔2018〕31 号)。

[4] 《金银潭医院应急病房楼梁侧悬挑脚手架安全专项施工方案》。

基于事故案例探析悬挑钢平台安全管控要点

李琴

北京市顺金盛建设工程监理有限责任公司

摘　要：为研究悬挑钢平台安全管理要点，本文结合"某项目较大生产安全事故"案例，运用事故树分析法（Fault Tree Analysis，简称FTA），从人的因素、物的因素、管理因素分析事故发生的原因及预防类似事故发生的对策措施。通过研究法律法规、规范文件，提出悬挑钢平台安全管控要点。

关键词：悬挑钢平台；事故树分析；安全管理；事故预防

引言

建筑业作为国民经济支柱产业，近年来虽发展放缓，但体量仍然庞大，作为五大高危行业的建筑施工，事故仍频发、高发。据住房和城乡建设部办公厅关于2019年房屋市政工程生产安全事故情况的通报[1]显示：2019年，全国共发生房屋市政工程生产安全事故773起、死亡904人，比2018年事故起数增加39起、死亡人数增加64人，分别上升5.31%和7.62%；较大及以上事故23起、死亡107人，比2018年事故起数增加1起、死亡人数增加20人，分别上升4.55%和22.99%。其中，高处坠落事故415起，占总数的53.69%。近三年统计数据及有关资料显示，高处坠落事故是建筑施工现场发生频率最高、伤亡人数最多的事故类型[1~4]。

近五年来，北京市由于卸料平台引起的高处坠落事故2起，事故的发生造成了人员伤亡和财产损失，也让相关责任人员及责任企业遭受了巨大损失，付出了惨痛代价，为此深入研究事故发生的原因，探寻预防事故的措施尤为重要。

一、事故案例基本情况

2020年11月28日，某项目卸料平台发生侧翻，造成3人死亡，直接经济损失482.76万元。

2020年11月26日，劳务公司架子工班长在未进行方案交底和安全技术交底，无专职安全生产管理人员现场监督的情况下，组织人员将事发卸料平台由9层提升至10层，卸料平台安装完成后，未按《专项施工方案》要求进行验收。11月28日，事发工程施工现场的塔吊由于顶升作业，暂停对3号商务办公楼卸料平台堆放物料的转移吊运。12时许，劳务公司木工组长在塔吊暂停使用的情况下，组织人员在3号商务办公楼10层进行脚手管拆卸作业，将拆下的脚手管码放在卸料平台上。13时23分许，卸料平台发生侧翻，平台上3名作业人员和脚手管坠落至地面。

二、事故原因分析

通过对该项目较大生产安全事故调查报告的分析，运用事故树分析法，从人的因素、物的因素、管理因素分析事故发生的原因，根据事故原因之间的逻辑关系，描绘出高处坠落事故树，如图所示。

通过高处坠落事故树计算其最小割集、最小径集，阐明事故发生

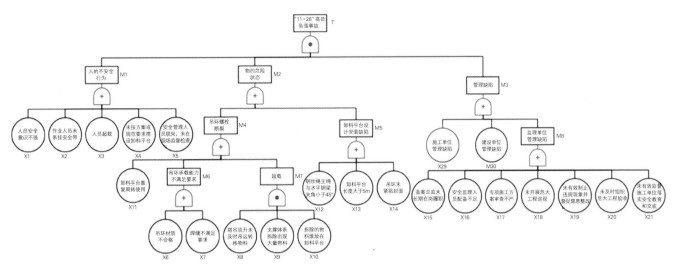

高处坠落事故树分析图

	最小径集及其释义	表1
序号	最小径集	基本事件释义
1	（X1·X2·X3·X4·X5）	X1：人员安全意识不强 X2：作业人员未系挂安全带 X3：人员超载 X4：未按方案或规范要求搭设卸料平台 X5：安全管理人员脱岗，未在现场监督检查
2	（X6·X7·X8·X11·X12·X13·X14）	X6：吊环材质不合格 X7：焊缝不满足要求 X8：塔吊顶升未及时吊运转移物料 X11：卸料平台重复周转使用 X12：钢丝绳主绳与水平钢梁夹角小于45° X13：卸料平台长度大于5m X14：吊环未紧贴墙面
3	（X6·X7·X9·X11·X12·X13·X14）	X6：吊环材质不合格 X7：焊缝不满足要求 X9：支撑体系拆除出现大量物料 X11：卸料平台重复周转使用 X12：钢丝绳主绳与水平钢梁夹角小于45° X13：卸料平台长度大于5m X14：吊环未紧贴墙面
4	（X6·X7·X10·X11·X12·X13·X14）	X6：吊环材质不合格 X7：焊缝不满足要求 X10：拆除的物料堆放在卸料平台 X11：卸料平台重复周转使用 X12：钢丝绳主绳与水平钢梁夹角小于45° X13：卸料平台长度大于5m X14：吊环未紧贴墙面
5	（X15·X16·X17·X18·X19·X20·X21·X29·X30）	X15：备案总监未长期在岗履职 X16：安全监理人员配备不足 X17：专项施工方案审查不严 X18：未开展危大工程巡视 X19：未有效制止违规现象并督促隐患整改 X20：未及时组织危大工程验收 X21：未有效监督施工单位落实安全教育和交底 X29：施工单位管理缺陷 X30：建设单位管理缺陷

的机理及事故预防措施。通过计算可知，此事故树的最小径集共5个：（X1·X2·X3·X4·X5）（X6·X7·X8·X11·X12·X13·X14）（X6·X7·X9·X11·X12·X13·X14）（X6·X7·X10·X11·X12·X13·X14）（X15·X16·X17·X18·X19·X20·X21·X29·X30）。当任何一个最小径集中的基本事件都不发生的时候，顶事件就不会发生，即当有效控制最小径集中的每一个基本事件时，可预防此次事故的发生。最小径集及其释义详见表1。

三、悬挑钢平台安全管控要点

悬挑钢平台，作为危险性较大的分部分项工程之一，其安全管理应严格遵循危大工程安全管控要求，本文从材质、方案编制、平台设计与安装、验收、使用、安全管理等全过程阐述悬挑钢平台的安全管控要点，详见表2。

悬挑钢平台安全管控要点   表2

序号	管控项目	管控内容
1	材质材料	（1）悬挑主梁使用整根槽钢（或工字钢），无坏损、弯曲或变形，有质量证明文件； （2）钢丝绳、绳卡、蜗牛环（吊环）等附件、配件需有材质证明文件及产品合格证
2	施工方案	方案内容应由技术负责人主持编制，编制内容应符合现行规范要求，编制、审核、审批手续齐全
3	平台设计 管控要点	（1）承载卸料平台的主体结构要稳定可靠，承载力符合要求；卸料平台单独进行受力体系，两侧的两道钢丝绳与主体结构拉结，要单独设置、单独进行受力计算； （2）与建筑物连接的吊环直径应大于25mm的圆钢，并根据施工方案进行锚固，吊环强度应满足要求，吊环焊接部分采用双面焊，焊缝长度不小于120mm； （3）悬挑操作平台悬挑长度不得超过5m，平台承载面积不大于20m^2，长宽比不大于1.5：1，均布荷载不应大于5.5kN/m^2，集中荷载不应大于15kN
4	平台安装 管控要点	（1）悬挑式钢平台的搁支点、拉结点、支撑点必须位于稳定的主体结构上，且可靠连接，不得设置在脚手架等临时设施上； （2）设置4个经过验算的吊环，吊环应使环体垂直向下且紧贴墙面； （3）采用不小于4个且与直径匹配的专用钢丝绳夹，钢丝绳直径增大，则钢丝绳夹应据方案实际情况予以增设； （4）锐角、利口衬软垫物； （5）钢平台外侧略高于内侧，外侧装不低于1.5m的防护栏杆全封闭，平台内侧四周设硬质防护，平台满铺厚度不小于50mm的木板或同等强度的其他材料； （6）吊运、安装时人员不得上下； （7）固定端预埋不少于2道的U形螺栓和钢筋拉环，悬挑梁预埋环两侧应楔紧，防止左右晃动； （8）极端恶劣天气禁止安装； （9）钢丝绳与水平钢梁夹角不小于45°，保险绳吊点距主绳吊点不大于500mm； （10）钢丝绳应设置安全弯
5	验收	卸料平台必须经验收合格后方可投入使用
6	使用	（1）密切关注钢丝绳安全弯变化情况，确保钢丝绳处于张紧状态；检查锚固螺栓是否松动；检查吊环位置是否发生变化； （2）严禁超载使用：防止物料码放超过额定限载，严禁码放超过平台防护高度，严禁人员超过2人； （3）人员要正确佩戴安全帽、系挂安全带，安全带锁应固定在独立于平台外的可靠位置； （4）悬挂荷载（吨位）标识牌，注明品种物料放置数量和码放要求，黏贴验收合格标识牌、安全操作规程
7	安全管理	（1）安装前严格进行方案交底、安全技术交底； （2）安装时安全生产管理人员在现场监督检查； （3）安装人员需持证上岗且经验丰富； （4）人员需严格进行班前教育培训； （5）加强使用过程中的巡视检查； （6）及时制止违章作业现行

结语

本文以事故调查报告为依据，运用事故树分析法剖析事故原因，提出了预防事故发生的五个对策措施，同时，结合当下现行规范文件，从材质要求、方案编制、平台设计与安装、验收、使用、安全管理等全过程阐述悬挑钢平台的安全管控要点，对于施工现场卸料平台的安全管理具有一定的参考价值，对于规避类似事故的发生具有一定的现实指导意义。

参考文献

[1]《住房和城乡建设部办公厅关于2019年房屋市政工程生产安全事故情况的通报》（建办质函〔2020〕316号）。

[2]《住房和城乡建设部办公厅关于2018年房屋市政工程生产安全事故和建筑施工安全专项治理行动情况的通报》（建办质函〔2019〕188号）。

[3]《住房城乡建设部关于2017年房屋市政工程生产安全事故情况的通报》（建质函〔2018〕35号）。

[4] 郭豪收，张建设.建筑施工高处坠落伤亡的事故树安全研究[J].山西建筑，2007，33（19）：197–198.

施工技术助力监理增值，发挥工程顾问作用

——以某滨海深基坑工程监理项目实践为例

孙一玺　李　强　刘　军

上海市工程建设咨询监理有限公司

引言

工程监理制自 1988 年在我国实行以来，为保障工程建设顺利进行、确保工程建设目标的实现发挥了不可替代的作用，有效促进了建筑业的健康发展[1]。然而，现阶段各种法规、规范性文件过分强调旁站监督的作用和安全管理责任，造成了监理行业"高智能技术密集型"的最初定位，逐渐变成技术水平要求一般的管理密集型和劳动密集型的结合体[2]。

面对监理行业进一步发展遇到的瓶颈和困难，业内人士多从完善法律法规，加强程序管理、监理职业道德等方面进行研究讨论：如戴维[3]提出监理应加强资料监督、规范施工步骤及落实旁站管理；范琳琳[4]提出应掌握先进管理理念和方法、优化监理模式；许东灿[5]提出必须进一步健全监理制度、压实监理责任、提高监理人员素质和职业道德。陈永祥、刘柒云[6、7]等人虽然讨论了施工技术对工程监理的促进作用，但却视二者为割裂的对象，重点落于监理对施工技术的管理上。要发挥监理企业和监理项目管理的应有作用，为业主提供专业化工程顾问服务，监理工程师必须掌握相应的施工技术，有能力通过技术手段对施工组织和实施方案结合工程实际进行合理优化，为建设项目增值。

一、某滨海项目深基坑工程概况

某滨海项目地处中国（上海）自由贸易试验区临港新片区先行启动区的环湖中央活动区，属滨海平原地貌类型。项目分三个地块、两个基坑进行建设，总开挖面积约 22000m²，基坑开挖深度超过 12m，根据《上海市基坑工程管理办法》（沪住建规范〔2019〕4 号）属于特别重要的基坑工程；北地块东侧紧邻轨道交通 16 号线、南侧市政道路下设综合管廊，基坑环境保护等级为一级，对变形限制要求很高。新片区管委会和各级领导都对项目十分重视，提出了颇为严格的节点目标要求（自工程桩开始施工至大底板浇筑完成仅 9 个月），工期紧、任务重，实现难度要求高、施工管理压力大。

结合基坑工程的现场推进，监理团队发现先期的"深基坑施工评审方案"编写深度和针对性仍有优化空间，存在围护结构施工顺序要求严格、降水技术路线复杂可靠度低、开挖顺序过于烦琐的问题，如若按照原方案实施必然无法实现进度节点目标。因此，必须在结合项目实际的基础上，充分考虑各项因素、结合实时基坑监测数据判断基坑"健康"状况，从技术路线对施工组织进行优化，在保证施工质量和安全的前提下加快进度落实。本文将列举三个典型案例，来阐述从技术角度出发为监理项目增值和充分发挥顾问作用的方法。

北地块基坑航拍照片

中地块及南地块地下空间合并

二、监理施工技术应用实践典型案例

1. 地下连续墙工序优化，研判进度组织形势

本项目基坑围护墙体采用一道三轴水泥土搅拌桩止水帷幕+两道三轴水泥土搅拌桩内套打钻孔灌注桩，东侧邻近地铁区域设置约100延长米的地下连续墙。考虑到场地空间狭窄的限制因素，以及地下连续墙导墙施工、履带吊作业地坪、膨润土造浆场地及钢筋笼加工场地等占地范围较大的需求，加上地连墙施工工序较为复杂的情况，监理团队认为围护结构施工最为重要的即是东侧地下连续墙施工进度的推进，它的进度滞后必将对围护结构整体进度造成严重不良影响。考虑到地连墙施工时段位于劳动节前后，为避免现场施工受到节日影响以致整体进度被推后5天，项目监理部做好施工关键线路和节点判断，要求承包单位必须妥善做好准备工作，确保2021年4月30日能开始进行首开幅成槽作业。在地连墙施工过程中，监理积极牵头解决过程中遇到的技术问题：在满足规范要求的前提下，本项目根据施工经验将北侧槽段较短的A-1幅及A-2幅合并施工，并同时采取适当

增加商品混凝土坍落度，对合并后钢筋笼吊装工况进行验算，在此槽段内增设声测管以对墙体混凝土质量进行检测等技术措施，以保证地连墙施工质量。最终，项目自2021年4月30日夜间开始至5月9日止，仅用不到10天的时间就完成了约100延长米的地下连续墙施工。

2. 结合砂质土层分布实际，降水方法去繁存简

项目基坑开挖范围广泛分布土质较均匀的②₃层饱和砂质粉土，20℃渗透系数平均值 K_V 为 $1.53×10^{-4}$ cm/s、K_H 为 $2.24×10^{-4}$ cm/s，透水性较好。原评审方案拟采用负压空气射流深井降水，适用范围较广，但需利用真空泵，配套真空塞、挡土塞，同时对井管内真空度有一定要求，系统相对复杂；每次挖土前均需要先行拆除井管，真空塞需多次拆装，不便于维护、工期不灵活。除此之外，负压空气射流深井降水技术为上海某基础工程有限公司发明专利技术，实施组织难度高、范围窄，这又增加了使用成本，提高了使用门槛；考虑到项目对进度节点的高要求，以及临港新片区土质的特殊性——基坑开挖范围内均为渗透性较好的砂质土层的实际情况，监理反对采用这种"自己为难自己"、舍

易求难、舍简求繁的做法，转而采用了普通深井降水方式，于井管内直接放入小型潜水泵进行抽水，施工简单、工期灵活，实际降水效果良好。

3. 细心发现设计冗余，巧用"跳仓法"加快大底板施工进度

本项目北地块工程桩桩基选型有两种，分别为 ϕ600 钻孔灌注桩，桩长36m，桩端持力层⑦₁₋₂层、单桩竖向抗压承载力设计值2000kN和 ϕ850 钻孔灌注桩，桩长64m，桩端持力层⑨层，单桩竖向抗压承载力设计值3000kN；分别布置于24m高2号楼及50m高1号楼区域，具体如北地块两类工程桩参数表。

上海地区工程桩设计类型大多情形为摩擦桩或端承摩擦桩，在承载能力极限状态下桩顶竖向荷载基本由桩侧阻力承担。本项目同一地块内的ZH2桩相较于ZH1桩，桩侧表面积比达3.57倍，而单桩竖向抗压承载力却仅取其1.5倍，明显存在不合理、浪费之处——ZH2型桩本可以设计得更短、更细。为避免计算原因导致误判，监理根据本项目岩土工程勘察报告和上海市《地基基础设计规范》（DGJ 08—11—2018）第7.2.4条、《岩土工程勘察规范》（DGJ 08—37—2012）第14.5.5条给出的计

槽段内增设的声测管

最后一层土方开挖土体情况

开挖至基坑降水效果

单桩竖向承载力计算表与计算结果

设计桩径	d / mm	850	
桩端处土的极限端阻力标准值 f_p / kPa		3000	
i	桩周各土层的极限摩阻力标准值 f_{si} / kPa	第 i 层土的厚度 l_i / m	
第1层	15	0	
第2层	15	0	
第3层	15	0	
第4层	15	0	
第5层	40	0	
第6层	25	0	
第7层	25	3.83	
第8层	35	7.08	
第9层	40	4.42	
第10层	55	3.36	
第11层	65	3.4	
第12层	75	12.23	
第13层	80	21.57	
第14层	90	8.11	
第15层			
……			
桩长验算	l / m	64	
桩身截面周长 U_p / m	2.670353756	桩端横截面面积 A_p / m²	0.567450173
端阻比 ρ_p		0.129142695	
桩端极限阻力标准值 R_{ok} / kN	1702.350519	桩侧总极限阻力标准值 R_{sk} / kN	11479.58376
桩端阻力分项系数 γ_p	1.299	桩侧阻力分项系数 γ_s	2.172
单桩极限承载力标准值 R_k / kN		13181.93428	
单桩极限承载力特征值 R_a / kN		6590.967139	
单桩竖向承载力设计值 R_d / kN		6595.768041	

依据《地基基础设计规范》（DGJ 08—11—2018）第7.2.4条、《岩土工程勘察规范》（DGJ 08—37—2012）第14.5.5条

算方法，编写了计算单桩竖向承载力设计值的 Excel 小程序，并对 ZH2 型桩单桩竖向承载力设计值重新进行了计算，得出结果为 6596kN，与 ZH1 的承载力比值为 3.3，符合工程常识判断。

后续监理沟通联系设计人员得知，本项目 1 号楼侵入轨道交通保护区内，为尽可能降低对地铁工程的不利影响，地铁公司批复必须采用上述看上去并不经济的 ZH2 工程桩参数。根据此设计冗余，监理建议施工单位对北地块后浇带两侧的差异沉降进行计算，若在允许限值内，则可在合理进行底板区域划分、加强施工质量控制措施的基础上，考虑采用"跳仓法"进行北地块大底板的施工，以加快大底板施工进度，解决进度推进难题。

实践证明，"跳仓法"在北地块的成功实施，使处于项目关键线路上的北地块深基坑工程大底板浇筑节点，在原本难以实现的情况下，反而转变为提前 5 天完成。

结语

施工技术与工程监理绝不应是两种割裂的对象。在监理行业发展遇到瓶颈和困难的现在，在监理人员重程序管理、轻技术学习的当下，从业者们更应重新认识到，施工技术是工程监理的基本生存技能要求和核心竞争力的重要来源。本文三个案例展示了从施工技术角度出发为监理项目增值，充分发挥顾问作用的基本方法。若要在工程建设中体现监理工作的价值、提高监理在工程建设行业中的地位、充分发挥咨询顾问作用，为项目增值，必须以提高施工技术水平为前提和基本要求，朝着"高智能技术密集型"定位不断发展和前进。

参考文献

[1] 李彤. 监理企业的未来发展战略探究 [J]. 环渤海经济瞭望, 2021 (1)：10–11.

[2] 田锐, 吕永航. 工程建设中大监理建设模式的开展情况及发展方向 [J]. 西北水电, 2020 (z2)：138–145.

[3] 戴维. 工程监理在建筑项目施工质量管理中的作用与运用研究 [J]. 建筑技术开发, 2019, 46 (22)：51–52.

[4] 范琳琳. 建筑工程监理工程程序及工作要点探讨 [J]. 砖瓦, 2020 (12)：111–112.

[5] 许东灿. 建筑工程监理的难点及应对方式探究 [J]. 河南建材, 2020 (4)：84–85.

[6] 陈永祥. 浅谈建筑工程监理与施工技术的相互促进 [J]. 四川水泥, 2021 (10)：333–334.

[7] 刘柒云. 建筑工程监理与施工技术之间的相互促进作用 [J]. 工程技术研究, 2020, 5 (10)：160–161.

北地块两类工程桩参数表

序号	桩型	桩径/ mm	桩长/ m	单桩竖向抗压承载力/kN	桩侧表面积比（ZH2/ZH1）	布置区域
ZH1	钻孔灌注桩	600	36	2000	3.57	2号楼（24m高）
ZH2	钻孔灌注桩	850	64	3000		1号楼（50m高塔楼）

站房大跨度整体屋面钢桁架施工与控制

彭振铎

北京赛瑞斯国际工程咨询有限公司

摘　要： 大型公共建筑的整体屋面桁架在安装施工中，通常使用高空散装法、空中拼接法和提升法。大跨度屋面桁架提升施工与其他吊装方法相比具有施工方法简洁、成本低、工期短、工程质量易保证等特点，施工过程中不用搭设满堂脚手架。此安装工艺可保证管桁架构件的拼装精度，实现流水作业，减少安装误差，缩短安装时间。

关键词： 屋面桁架；同步提升控制；温度影响；合拢安装；卸载控制

引言

大型公共建筑由于其使用功能的需求，通常会采用较大空间、大跨度的建筑形式，屋面结构因其受力特点和支座距离，常使用桁架构件将屋面形成统一整体结构。北京朝阳站站房工程为典型的大跨度空间结构，而且屋盖整体面积大且设计没有设置伸缩缝，屋盖中间支撑采用大截面钢管柱结构，且柱距较大，温度对结构的影响明显较大。施工中存在场地狭小、起重设备受限、交叉施工严重等困难，选取合理的钢桁架施工工艺是保证项目进度的一项重要内容。

一、工程概况

北京朝阳站站房面积为 18.3 万 m²，整体站房屋盖最大投影长度 247m，宽

度 180m，其中中央站房区长度为196m，西站房长 51m。站房屋盖采用古典京城宫殿建筑形式特征，屋盖钢结构为组合式桁架结构体系，横向跨度达180m，每个组合桁架沿中轴线对称分布，中部屋盖组合桁架中间高耸两边上翘，东西两侧屋盖组合桁架上部为一平面，组合桁架内部包含纵横向单片鱼腹式管桁架，两边为变截面焊接箱型钢梁。

根据建筑造型、结构高度和跨度，钢结构采用钢管混凝土柱 + 空间钢桁架结构体系。通过在中间设置斜向的钢管柱作为支撑，将横向跨度为 180m 的桁架分为 18m+36m+72m+36m+18m 五部分，其中端部 18m 为悬挑桁架。

二、屋面桁架施工工艺

工程最大跨度 144m，屋盖檐口标

高 36.6m，屋脊标高 45.1m，且属于重量 1000kN 及以上的大型结构整体顶升施工工艺，属于"超过一定规模的危险性较大的分部分项工程"。

屋盖钢结构按照分区拼装，按顺序采取分区提升方案。提升区在 9.8m 标高楼层上拼装，影响拼装的混凝土夹层、钢结构夹层以及电梯井全部待提升到位以后再施工。

（一）钢桁架拼装

屋盖所有钢桁架均在现场进行拼装，桁架钢管均以散件形式发运到现场。在拼装场地用汽车式起重机拼装成平面桁架分段后，用平板车倒运至总拼平台，用 50t 汽车式起重机进行提升区的拼装，根据结构形式将屋盖分别组装成提升吊装单元（表 1）。

（二）钢桁架拼装提升流程

由于站房屋盖跨度大，钢桁架结构

复杂多样，屋盖桁架共三个提升区，每个提升区又分为1-1区和1-2区，每个提升分区采取累计提升方案。首先1-1区第一次提升到区间拼装位置，与1-2区连成一体，然后整体提升至设计标高。依次将各提升区提升至设计标高，各提升区区间构件作为合拢段拼装，将屋盖桁架连接成整体后统一卸荷（图1、表2）。

（三）提升点布置

一区共设置提升点24个，其中8个利用既有圆管柱作为提升点，16个设格构式支架作为提升点。

（四）提升支架类型

根据提升受力计算和具体布置结果，提升结构共9种类型。

单个格构支架截面为1500mm×

1500mm，支撑立杆之间采用安装螺栓连接固定。格构支架上端口设置田字形钢平台（图2）。

三、计算机液压同步提升工艺

计算机控制液压同步提升技术是一项新颖的构件提升安装施工技术，它采用柔性钢绞线承重、提升油缸集群、计算机控制、液压同步提升新原理，结合现代化施工工艺，将成千上万吨的构件在地面拼装后，整体提升到预定位置安装就位，实现大吨位、大跨度、大面积的超大型构件超高空整体同步提升。

计算机控制液压同步提升技术的核

钢桁架拼装提升流程表　表2

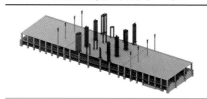

流程一：布置提升支架

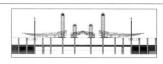

流程二：拼装一区屋盖桁架

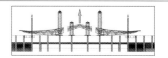

流程三：一区中间分块1-1第一次提升

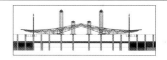

流程四：中间分块1-1第一次提升到位后与旁边1-2分块对接，安装嵌补杆件

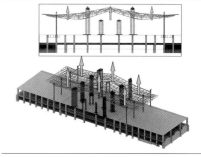

流程五：一区整体提升到设计标高

平面桁架分段的拼装工艺表　表1

拼装流程一：拼装胎架搭设

拼装流程二：桁架弦杆上胎架定位

拼装流程三：桁架腹杆定位拼装

拼装流程四：桁架整体检测验收

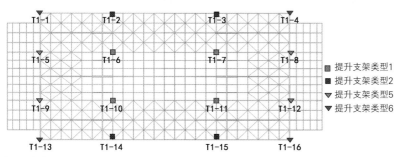

提升支架类型1
提升支架类型2
提升支架类型5
提升支架类型6

图1　提升支架布置示意图

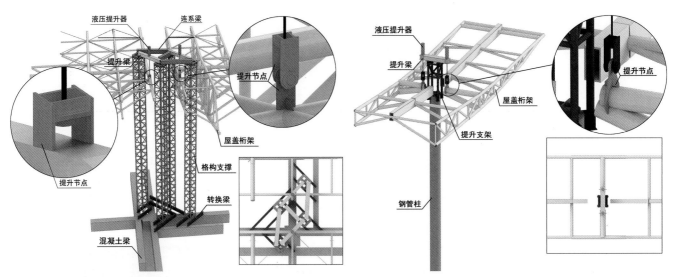

图2　提升支架类型示意图

心设备采用计算机控制，可以全自动完成同步升降、实现力和位移控制、操作闭锁、过程显示和故障报警等多种功能，是集机、电、液、传感器、计算机和控制技术于一体的现代化先进施工设备。

（一）同步提升控制原理

在提升系统中，每个提升吊点下面均布置一台距离传感器，这样，在提升过程中这些距离传感器可以随时测量当前的构件高度，并通过现场实时网络传送给主控计算机。每个跟随提升吊点与主令提升吊点的跟随情况可以用距离传感器测量的高度差反映出来。主控计算机可以根据跟随提升吊点当前的高度差，依照一定的控制算法，来决定相应比例阀的控制量大小，从而实现每一跟随提升吊点与主令提升吊点的位置同步。

为了提高构件的安全性，在每个提升吊点都布置了油压传感器，主控计算机可以通过现场实时网络监测每个提升吊点的载荷变化情况。如果提升吊点的载荷有异常的突变，则计算机会自动停机，并报警示意。

（二）同步提升工艺流程

流程图见图3。

四、安全保证措施

（一）提升油缸的安全措施

在钢绞线承重系统中增设了多道锚具，如上锚、下锚、安全锚等；每台提升油缸上装有液压锁，防止失速下降；即使油管破裂，重物也不会下坠；安装溢流阀，控制每台提升油缸的最高负载；安装节流阀，控制提升油缸的缩缸速度，确保下放时的安全。

（二）液压泵站的安全措施

液压泵站上安装有安全阀，通过调节安全阀的设定压力，限制每点的最高提升能力，确保不会因为提升力过大而破坏结构。

（三）计算机控制系统的安全措施

液压和电控系统采用联锁设计，通过硬件和软件闭锁，以保证提升系统不会出现由于误操作带来的不良后果；控制系统具有异常自动停机、断电保护机、高差超差停机等功能；控制系统采用容错设计，具有较强抗干扰能力。

（四）现场停电应急措施

只要有一个通信点停电，系统全部自动停机；由于提升油缸配备单向液压锁，提升油缸不会受载下降；提升油缸的下锚锚片与钢绞线接触紧密，并且有弹簧压紧，即使提升油缸因为内泄漏而下沉，负载也会逐渐转移到下锚上；如长时间停电，则用手动泵将所有锚具锁紧。

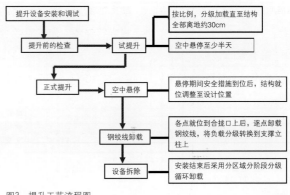

图3　提升工艺流程图

五、温度对结构安装影响的控制措施

屋面结构在安装时除了按照经计算明确的基准温度进行测量外，还特别需要对结构的安装采用预留合拢段，根据本工程结构特点和结构体系要求，对于网架在两个提升分区相接的嵌补杆件处设置安装合拢段，待提升区网架整体提升全部分区安装结束后，最后以嵌补杆件安装的形式安装各区间合拢段。

（一）合拢时间和温度的确定

钢结构整体合拢温度要求 10~20℃之间，合拢时间可定在早晨或傍晚期间，具体合拢时间根据当地当时构件表面的实测温度确定。

（二）合拢长度的精确测量

在合拢温度区间范围内，对主要构件合拢部位端口进行坐标精确测量，通过建立坐标体系对实测点进行坐标采集，得出合拢温度下的合拢构件的确切长度，布置合适的焊接收缩余量值后对合拢构件进行配切端口余量，并切割坡口。

（三）合拢安装控制要点

1. 选择在与合拢温度相近的温度条件下或低于该温度的条件下进行安装，控制合拢时的坡口间隙，以减少合拢口的焊接量和焊接残余应力，确保焊接口的焊接质量。

2. 采用小间隙安装法，避免合拢时合拢口间隙过大。

3. 为确保合拢段施工过程中的安全，合拢段安装就位后，除设计要求的合拢口不进行焊接连接外，其余接口均须及时焊接完毕，以增强结构的整体稳定性。

4. 为确保合拢口在施工过程中因温度变化而自由收缩，合拢口采用卡马搭接连接。

5. 为防止合拢时因温度变化而产生过大的温度变形和温度应力，选择在气温相对稳定的情况下进行合拢。先将合拢口的所有卡马焊接固定，及时进行合拢口对接焊缝的焊接，并确保焊接过程中钢结构的本体温度处于设计要求的合拢温度范围内。

六、屋盖桁架卸载控制与监测

屋盖覆盖面积大，中间柱子较少，桁架盖跨度大，杆件受力复杂，杆件局部受力变化对整体结构影响较大，且卸载覆盖面积大，全部卸载到位需要较长时间。

提升支架的数量较多，需要多个卸载系统具有极高的同步性能。卸载不能使屋盖产生塑性变形和应力，而影响桁架的承载力和稳定性。

（一）提升架卸载控制要点

选用计算机控制整体下降技术进行本工程屋盖桁架的卸载，利用提升支撑架顶部的提升油缸系统逐级减荷载的方式进行卸载，卸载时通过统一指挥进行同步操作，按分级控制卸载量，卸载控制应按 10%、30%、50%、70%、90%、100% 逐级进行卸载。在卸载过程中密切观测、监测变形控制点的位移量，如出现较大偏差时应立即停止，会同各相关单位查出原因并排除后继续进行。

（二）屋盖卸载变形监测

为了保证安全有序进行，在卸载过程中需要对结构进行变形观测；在屋盖上弦共设置 28 个观测点，观测点的具体做法是根据选定的观测点位置，贴上反射测量贴片。在卸载前、卸载后联合业主、监理、监控等单位对拟定的变形监测点进行观测并记录观测数据。

结语

本工程大跨度整体钢桁架屋盖施工涉及了大跨度桁架现场拼装、分区累积提升、液压同步提升控制、大面积屋盖分区合拢、屋盖整体卸载等工艺技术，提高了拼装的精度和质量，有效缩短了工期，节约了成本。钢桁架施工达到了预期目标，取得了很好的效果，高质量、顺利、安全地完成了安装任务，与其他工序按计划实现了交叉作业，保证了施工总体部署的实现。

参考文献

[1] 雷淑忠，崔节元，刘鑫. 大跨度屋面钢桁架提升施工过程分析研究[J]. 结构工程师，2021，37（3）：176—182.

[2] 蒋尧. 钢结构桁架提升安装技术研究[J]. 房地产导刊，2019（36）：95.

盾构带压开仓监理安全管控关键

唐智慧

西安铁一院工程咨询监理有限责任公司

摘　要：盾构法因其具有的安全性、高效性、机械化程度高等特点，越来越多地用于市政工程、轨道交通工程和地下管廊工程。但由于机械、地质等多方面的原因，在盾构施工过程中，不可避免地需要人员进入开挖仓内进行刀具更换、清理泥饼、修复刀盘、更换维修设备等作业，称为开仓作业。开仓作业有多种方式，常见的开仓方式包括常压开仓、带压开仓、砂浆置换开仓等方式。其中带压开仓是风险极高的作业，近几年出现过多起开仓安全事故。

带压开仓作业因其不具有可直观检查的特殊性，必须依靠可靠的技术措施、管理措施、应急措施来保证安全作业。因此，对于带压开仓，监理需从多方面加强检查、核实和管控，督促施工单位落实管理措施、技术措施，做好应急管控，方可保证作业安全。本文以作者多年的盾构工作经验为基础，阐述带压开仓监理需管控的关键项目、关键指标。

关键词：盾构；带压开仓；安全管控

一、带压开仓的安全风险因素

盾构带压开仓的风险因素多，有地质方面的、设备方面的、周边环境方面的，但问题在现场，根子在管理。具体来说带压开仓有以下安全风险因素。

1. 爆燃或火灾

带压开仓时，仓内气压环境下空气中的氧气浓度很高，一点火星或火种就可能引发火灾。如2017年2月12日东南沿海某市轨道交通工程盾构开仓作业发生的事故，导致该起事故的直接原因是作业人员在减压过程中多次翻转自动翻折座椅，座椅在反复翻折情况下产生摩擦、静电，引燃非阻燃性材料导致仓内爆燃。

引起仓内火灾的原因较多，目前已预知的火源有：1）违规动火；2）作业人员携带火种；3）化纤衣服产生静电；4）电气设备短路、接地引发电弧；5）金属碰撞产生火花。

2. 地层失稳

带压开仓时，如地层气密性差、保压困难甚至无法维持满足平衡土压力的气压，此种情况下将会导致地层沉降、泥膜剥落，情况严重时会导致掌子面坍塌。

地层气密性差的原因有：1）泥膜质量差，泥浆未能充分渗透到柔软地层中形成具有一定厚度的泥膜；2）盾体外周未能封堵漏气通道；3）泥膜在开仓过程中干裂、剥落；4）冲洗刀盘破坏泥膜；5）开仓过程中转动刀盘，对泥膜造成破坏。

3. 有毒、有害气体中毒

有毒、有害气体的来源有地层地质方面的和设备本身产生的。如2009年5月15日的华南某市常压开仓作业时3名作业人员不明气体中毒死亡事故，经事后分析认为，不明有毒气体的来源主要是刀具润滑油脂在刀具偏磨产生的高温作用下裂解，地层本身未发现不明气体来源。

4. 机械设备故障可能引起严重仓内泄压

机械设备故障包括空压机故障、自动保压系统故障、螺旋机闸门故障等，其中以螺旋机闸门故障最为关键。螺旋机闸门因其与渣土流直接接触而磨损较快易发生封闭不严的情况，在螺旋机筒内土塞不密实或渣土流塑状改良较差的情况下，极易发生喷涌、泄压等严重后果。

5. 突发停电

突发的电力供应中断可导致供气中断，引起仓内失压，导致掌子面失稳坍塌、人员出现减压病等严重后果。如2020年3月25日晚，华南某市盾构带压开仓时，在人员已进入人闸，开始加压的过程中，突发线前开关跳闸，盾构机整机失电，空压机停止运行。在此过程中，因值班人员不熟悉压缩空气切换操作，虽然已经启动燃油空压机，但无法向系统正常供气，土仓、人闸压力只能消耗压缩空气储气罐内的压缩空气来维持，系统压力逐步下降至1.2bar后，方在紧急跑入隧道的地面人员的指导下切换完成。本次事件虽因人员未进入开挖仓而未造成人员伤亡的严重后果，但性质非常严重，反映出施工单位应急管理不到位、值班人员处置能力低等管理缺陷。

6. 外部影响

地面大型机械设备作业，对地层造成不利影响。需要带压开仓的一般都是软土地层或软硬不均地层。进行开仓作业时，若在地面影响范围内进行大型机械作业，将对地层形成荷载效应；若进行开挖等作业，将引起地层应力变化；若进行钻孔作业，将可能导致形成泄气通道。这些情形都将危及开仓安全。

7. 机械伤害

开仓过程中需要转动刀盘，如果在转动刀盘前人员未撤离至人闸内，转动的刀盘及其搅拌棒等对仓内人员存在机械伤害的风险。

8. 高处坠落

带压开仓时，一般开挖仓内液位（渣土面）需降低至中心线以下，作业人员需要在狭小的空间内进行高处作业时，若安全防护措施落实不到位，存在高处坠落的风险。

9. 物体打击

开仓过程中需要转运、更换刀具，需要使用气动工具进行拆装作业。在进行这些作业过程中存在物体打击的风险。

二、带压开仓监理管控重点

针对盾构带压开仓安全风险高、风险因素多的特点，项目监理机构在严格审查专项方案和应急预案、严格进行条件验收的前提下，需要重点关注、控制好以下方面。

1. 需要严格进行盾构设备的检修

对于土压平衡盾构机，需要严格检查的项目包括：1）螺旋机整机是否能伸缩到位；2）螺旋机前闸门是否能关闭严密；3）螺旋机后闸门是否能关闭严密；4）螺旋机后闸门是否存在磨损缺口；5）应急蓄能器压力是否正常；6）机上所有空压机是否能正常运行；7）压缩空气输送管道是否存在老化、破损；8）压缩空气输送管路连接是否可靠；9）电力系统各开关线路是否存在温升过高、触点烧蚀等情况；10）机上各空压机切换是否正常；11）自动保压系统伺服机构、开关组件运行是否正常；12）核对人闸机械压力表、自动保压系统等压力传感器、

开挖仓压力传感器所显示的压力是否一致。只有确认上述各子系统均运行正常方可确保开仓安全。

对于泥水盾构，上述检查项目除剔除螺旋机检查项目外，还需检查泥浆环流系统各阀门组件是否能正常动作。

2. 督促做好盾体外周泄露通道的封堵

盾体外周表面积大、气体逃逸通道多，是带压开仓气体泄露的主要通道之一。一般需采用从盾构机径向孔注惰性浆液的方法进行封堵。注惰性浆液需确保足量、足压地注入，方可保证开仓过程中气体总泄露量可控。

3. 需督促做好盾尾来水通道的封堵

盾尾来水是影响开仓安全的关键因素。做泥膜前若盾尾通道未封堵到位，泥浆压力很难提高，将会导致泥膜质量下降；开仓过程中若盾尾持续来水将会导致泥膜剥落、盾体外周泄露持续增大等严重后果，因此建泥膜前务必做好盾尾止水环箍。一般采用注水泥—水玻璃双液浆的方式进行封堵，按以往经验，注浆部位以盾尾后第5~6环为宜，环箍必须连续两环设置，且同一环内所有管片注浆孔需全数注浆方可形成完整的环箍。环箍注浆完成后，需进行必要的检验，可采取土仓内加压、管片开孔检验的方式对环箍质量进行检验。

4. 做好泥膜质量管控和地层气密性检测

泥膜质量的好坏直接决定开仓的成败。泥膜可以采用高浓度膨润土泥浆制作，也可采用新型材料（如衡盾泥等）制作，最终目的是保证地层气密性符合要求。监理在泥膜制作过程中需要关注好泥浆浓度、泥浆内颗粒物含量、加压的压力、压力保持时间等指标。

关于地层气密性的要求，《盾构法

开仓及气压作业技术规范》CJJ 217—2014 第5.1.3条为强制性条文，该条文明确要求"气压作业开仓前，应确认地层条件满足气体保压的要求，不得在无法保证气体压力的条件下实施气压作业"。监理对地层气密性的检测手段最直接的方法是气浆置换完成后通过空压机负载率来判断，具体合格标准应符合上述规范条文说明第5.2.4条的要求。如不满足要求则务必放弃开仓，重新制作泥膜。

5. 做好洞内应急设备、应急物资的检查和验收

盾构开仓最关键的应急设备为备用电源和备用气源。对于备用电源，监理需督促施工单位将备用电源和盾构机主线路做好电气联锁连接，对发电机燃油储备、电池电量、实际发电的情况进行核实；对应备用气源，监理需检查空压机是否能正常运转和供气、管路是否与盾构机主气管连接可靠。对于备用电源、备用气源，监理还需督促所有参与开仓值班的电工、机修等人员进行切换实操演练，确保在突发停电、停气的情况下，操作人员能快速切换相应设备。

关于洞内应急物资，除一般应急所需的消防器材、氧气袋、应急药品外，还需储备足够的浓膨润土泥浆和聚氨酯等材料。储备膨润土泥浆的目的是在土仓突发失压的情况下，可快速往开挖仓内压注泥浆以确保地层稳定；储备聚氨酯的目的是在螺旋机发生泄露的情况下，可快速封闭泄气通道，确保开挖仓压力稳定。

关于开仓应急管理，特别需要提醒一点的是每次开仓前，不得将推进千斤顶行程推完，至少需要保证油缸剩余不少于50cm的行程，方可保证在突发情况下能及时复推。

6. 做好地面应急物资和设备的准备

地面应急物资包括围蔽材料、铺垫钢板、水泥、水玻璃等，应急设备包括注浆设备、发电机组等。准备地面应急物资和设备的目的是一旦出现地层失稳征兆，能立即封闭地面场地、疏导地面交通、进行注浆加固等作业。

7. 做好进仓前检查和开仓作业过程的管控

人员进仓前，监理人员需核对作业人员、询问进仓人员身体状况、检查是否携带火种、是否穿着化纤衣服等；再次确认仓内是否存在非安全电压的用电设备；仓内消防器材是否完善；仓内外通信是否通畅；仓内用电设备的电线、电缆是否存在破损、绝缘老化等情况，只有确认安全后方可批准进仓作业。

作业过程中，因刀盘转动操作一般交由人闸内进行本地控制，因此在需要转动刀盘前，监理人员需严格核实开挖仓内作业人员是否已撤离至人闸内并关闭土仓门。

开仓作业过程中，需仔细观察仓内人员身体状况和开仓环境的安全状况，出现掌子面坍塌、涌水、涌砂等紧急情况需当机立断撤离人员、放弃开仓。

每一仓作业完成，监理应询问出仓人员的身体状况和仓内安全状况。

8. 加强地面巡视

地面巡视主要查看地面是否存在重型设备作业，查看是否存在挖土、钻孔、降水等作业。同时需查看地面是否存在漏气、漏浆等异常情况。

结语

盾构带压开仓虽然风险因素多、安全风险高，但如果各级管理人员、各责任主体单位能切实做好事前、事中控制，严格落实风险预控措施，把好关键要素的检查控制关，做好应急准备和应急演练，出现紧急情况沉着处置，带压开仓的安全风险整体可控。

参考文献
[1] 广东省安全生产监督管理局，广州市黄埔区"1.25"较大坍塌事故调查报告。
[2] 厦门市安全生产监督管理局，厦门市海沧"2.12"较大事故调查报告。
[3] 盾构法开仓及气压作业技术规范：CJJ 217—2014[S]. 北京：中国建筑工业出版社，2014.

浅谈贝雷架在建筑工程超高超长悬挑结构施工中的应用及监理要点

杨 钟

厦门协诚工程管理咨询有限公司

摘 要：在建筑工程施工监理过程中，高空大跨度施工平台的搭设及安全监理管理一直是建筑施工监理过程中存在的一个难点，也是安全监理管理中的重点，贝雷架作为定型化的快速架设支撑工具，具有更好的承载能力和结构刚度等优点得到了广泛应用。本文以佰竹林国际温泉大酒店项目为例，其工程机房屋面四周有悬挑出主体结构达6.8m的造型，经方案比选，决定采用贝雷梁搭设悬挑平台进行施工，经实践，该方案操作简便、安全可靠，取得了预期效果，并积累监理经验。本文介绍了贝雷梁安装及架体搭设的施工要点及监理要点。

关键词：悬挑；贝雷架；安装；施工要点；监理要点

随着建筑工程的发展，超高、超重、超大跨度的模板工程越来越多。贝雷架作为定型化的快速架设支撑工具，相比其他支撑方式具有更好的承载能力和结构刚度，能满足工程应用的需要，解决超高、超重、超大跨度等的模板工程支撑体系的施工问题。

一、工程概况

佰竹林国际温泉大酒店项目建筑面积约13万 m^2，地上层数26层，地下一层，建筑总高度约100m。建筑结构形式为框架剪力墙结构，建筑结构安全等级2级。其中机房屋面挑檐宽度3000mm，机房屋面阳角挑檐宽度5670mm，最大悬挑出主体结构达6800mm，板厚120mm，离地高度约100m，挑檐模板支撑采用贝雷架悬挑＋工字钢连梁支撑体系，贝雷架悬挑出主体结构最大处约9m。

二、方案对比及方案确定

（一）根据本工程的具体情况，从工期、成本、安全等方案考虑分析，提出了落地式脚手架支撑、工字钢悬挑支撑、贝雷架支撑这3种方案。通过对方案选择、评审、经济分析、可操作性分析、施工难易程度等方面进行全面的对比，根据3种方案各自特点总结出优缺点。

方案一：落地式脚手架支撑方案。用普通钢管搭设满堂落地式支撑，具有结构简单、架设快捷、安全、维修方便等优点，但是其材料用量巨大、周转慢、成本高，架体搭设高度达100m，架体高宽比严重偏大、安全性无法保证，不利于本项目的实施。

方案二：工字钢悬挑支撑方案。通过受力计算，得出在悬挑6m的情况下，为保证工字钢本身扰度验算合格，至少需要25号工字钢，且布局间隔允许范围较小、用料较大。若采用25号工字钢搭设，安装可采用塔吊进行，但拆除就必须使用分段切割，变成一次性使用材料，极其浪费不利于成本控制，且工字钢悬挑过长，稳定性存在一定的风险。

方案三：贝雷架支撑方案。贝雷架力学性能稳定，可根据所有片数进行租赁，在施工现场进行散拼、散装，快捷简单，周转材料占用量小，安拆方便，施工速度快，能极大地缩短施工工期，

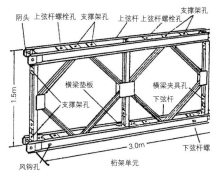

图1 贝雷架结构示意图

施工成本大幅降低（图1）。

同时，从材料、人工、工期、安全等方面对3种方案进行了经济、安全等分析，贝雷架较其他两种方案而言，无论是经济性，还是工期、安全等均有较大优势。因此，项目确定采用贝雷架搭设悬挑平台来完成悬挑结构的施工。

（二）模板工程及支撑体系超过一定规模的危险性较大的分部分项工程范围

1. 各类工具式模板工程：包括滑模、爬模、飞模、隧道模等工程。

2. 混凝土模板支撑工程：搭设高度8m及以上，或搭设跨度18m及以上，或施工总荷载（设计值）15kN/m² 及以上，或集中线荷载（设计值）20kN/m及以上。

3. 承重支撑体系：用于钢结构安装等满堂支撑体系，承受单点集中荷载7kN及以上。

本工程梁线荷载为4.95~14.10kN/m 小于20kN/m，机房屋面搭设高度6.5m，5m < H < 8m，悬挑 3~9m，属于超过一定规模的危险性较大的分部分项工程，需专家论证可行后施工。

项目监理应审查施工单位编制的"佰竹林国际温泉大酒店屋面悬挑高支模专项方案"是否按要求进行审批、是否按专家论证意见进行修改、安全措施是否到位及是否满足强制性规范等的要求。符合要求的应审批，审批合格后应一并

报建设单位批准。

（三）项目监理部专项方案计算审批要点

1. 多排悬挑贝雷架主梁，悬挑水平钢梁采用悬臂式结构，没有钢丝绳或支杆与建筑物拉结。悬挑脚手架的水平钢梁按照带悬臂的连续梁计算。

2. 水平支撑梁的抗弯计算强度应验算是否满足要求。

3. 水平钢梁的整体稳定性计算是否满足要求。

4. 锚固段与楼板连接的计算，计算所需要的水平钢梁与楼板压点的拉环最小直径。

5. 水平钢梁与楼板压点如果采用螺栓，要验算螺栓黏结力锚固强度计算。且审核混凝土局部承压计算，结构外端应垫20厚钢板，承载力才能满足要求。

专项方案除重点审查以上计算内容外，也应审查贝雷梁上部支撑体系的稳定性验算是否满足要求。

三、贝雷架安装施工要点及监理要点

（一）贝雷架平台布置

根据设计图纸，考虑项目整体施工情况，并通过受力及各方面验算，确定贝雷架平台从主体构架层挑出，脚手架搭设高度约6.5m，贝雷架长度为15~18m，贝雷架悬挑出主体结构最大处约9m。单排贝雷架间距为1.9~2.5m，采用规格为高1.5m、长3m的单排贝雷片连接组装；贝雷架顶部横向悬挑

区域采用工字钢连接，用以加强贝雷架平面外稳定性，同时兼做支撑立杆底座（图2）。

监理过程应严格按论证通过的专项施工方案中的平面布置要求进行复核，确保与专项方案相符。

（二）贝雷架的安装及架体搭设要点

1. 施工工艺流程

贝雷片组装→贝雷架定位及固定→贝雷架检查验收→防坠落安全网安装→安装水平分配工字钢→搭设上部模板支撑系统→模板安装→钢筋绑扎→检查验收→混凝土浇筑→养护→支撑、模板拆除→贝雷架拆除。

监理过程中应严格按照上述工艺流程设置监理工作重点及旁站重点。组装过程涉及高空材料转运、拼接等，均应督促施工单位专职安全员进行全程跟踪；防坠网的安装应进行全面检查，确保固定牢靠。

2. 预埋件预埋

构架层预埋 ϕ20U形预埋螺栓，贝雷架悬挑支撑点与结构交接处预埋20mm厚钢板作为结构节点加强，预埋应严格按平面布置图进行放线定位，确保预埋螺栓及预理钢板位置准确；但因

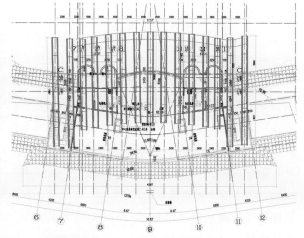

图2 贝雷架平面布置

机房梁截面较小，无法满足螺栓固定槽钢的安装，故采用槽钢偏位取孔，确保安装精度。同时采用方钢焊接成同尺寸贝雷架，用于埋件定位准确。

监理过程中应对预埋的 ϕ20U 形预埋螺栓严格按平面布置进行全面检查及复核定位尺寸，确保定位精准；结构交接处的预埋钢板应全数检查，确保无遗漏。该层板混凝土浇筑时应要求施工单位安排人员进行专人监管预埋螺栓及钢板是否偏位，监理应按要求进行旁站，并对预埋件等进行跟踪检查。

3. 贝雷片组装

每片贝雷片质量约 270kg，尺寸为 1.5m×3.0m，可以先在地面拼装 3 道，利用塔吊吊装，其余再利用塔吊散拼散装。在贝雷架吊装就位后严禁向悬挑部位施工荷载，防止贝雷架主体倾覆。

监理吊装过程中应督促施工单位专职安全员进行全程跟踪，及时检查钢丝绳等是否满足要求，现场是否具备吊装条件，作业区范围是否按要求做好警戒工作，确保吊装作业安全。

4. 贝雷架定位及固定

贝雷架就位并复核位置后，应立即进行固定。根据受力计算结构，每排贝雷梁采用 4 道固定点（局部加强为 6 道固定点，并全部设置在梁内锚固），作为主要的受力点。贝雷梁与主体结构采用预埋螺栓连接。

监理过程中应严格按专项方案要求检查贝雷梁是否按要求固定，螺栓是否紧固。

5. 贝雷梁检查验收

监理应检查各部分是否连接牢固，待各部位已按要求连接好先进行相应数据观测，记录原始数据，与后续安装过程的过程监测进行数据对比，及时做出不利

预警及采取措施。确保无误后再吊装工字钢及后续相关材料，进行下步工序施工。

6. 防坠落安全网安装

所有贝雷架安装完成后，在贝雷架顶部满挂 2 道防坠安全网，防坠网应绑扎牢固。

监理过程中应严格检查，确保安全网绑扎牢固无遗漏。

7. 安装水平分配工字钢

安装水平分配工字钢（14 号），为了增强贝雷架平台受力的整体性和均衡性，在垂直贝雷架方向按承插式脚手架立杆间距布置工字钢，并与贝雷架点焊固定，作为荷载水平传递分配杆件。

8. 上部模板支撑系统搭设（图3）

1）贝雷架上部模板支撑架架体采用扣件式钢管脚手架，模板支撑高度 6.5m；板纵横距为 1200mm、步距 1500mm；梁横距 400~500mm、纵距 1200mm、步距 1500mm；悬挑处立杆落在工字钢上，其余部位落在构架层板面。

2）扫地杆：在立杆底距地面 200mm 高处，沿纵横水平方向按纵下横上的程序设扫地杆。扫地杆应采用对接，相邻两扫地杆的对接接头不得在同跨内，且对接接头沿水平方向错开的距离不宜小于 500mm，各接头中心距主节点不宜大于立杆间距的 1/3。

3）水平拉杆：为保证支架的整体安全稳定，水平加固杆步距不超过 1.5m，纵横设置。当高度为 8~20m 时，在最顶部距两水平拉杆中间加设一道水平拉杆。所有水平拉杆的端部均应与四周建筑物顶紧顶牢。无处可顶时，应于水平拉杆端部和中部沿竖向设置连续式剪刀撑。

4）剪刀撑：在支架四边与中间每隔四排支架立杆设置纵横向剪刀撑，由底至顶连续设置。剪刀撑杆件的底端应与地面顶紧，夹角宜为 45°～60°。在支架两端及中间每隔四排立杆从顶层开始向下每隔 2 步设置一道水平剪刀撑。在纵横向相邻的两竖向连续式剪刀撑之间增加之字斜撑。

5）模板安装时，应调整支撑系统的顶托标高，经复查无误后，安装纵向格栅，再在纵向格栅上铺设横向格栅，调整横向格栅的位置及间距，最后铺设模板。

6）楼板模板的安装，由四周向中心铺设，模板垂直于隔栅方向铺齐。

7）铺板时，只能在两端及接头处钉牢，中间尽量少钉或不钉，以利于拆模，所有胶合板每次使用前应涂刷两遍脱模剂作隔离，每次脱模后应及时用铲刀、砂纸、钢丝刷等将粘在模板上的砂浆等附着物清除，以使表面平整，板缝交接处贴胶带纸，以防漏浆，浇筑混凝土前应

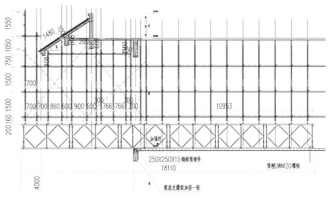

图3 贝雷架悬挑及架体搭设剖面图

将垃圾清理干净，模板提前浇水湿润。

支持架体搭设完成后，监理单位应组织验收，验收应严格按审查通过的专项方案作为验收依据，重点应检查纵横向水平杆及立杆布置间距、竖向及水平向剪刀撑布置形式及间距、扣件扭力等是否满足要求，并及时做好书面检查记录；对不满足方案要求的应立即要求施工单位进整改并进行复验，否则严禁进入下一道工序施工（表1）。

9. 贝雷架及架体拆除

脚手架拆除监理要点如下：

1）架体拆除前，必须达到设计强度100%，应检查拆模试块强度检测报告。

2）拆除方法：模板支架拆除时，应按方案确定的方法和顺序进行，拆除作业必须由上而下逐步进行，严禁上下同时作业；模板支架拆除时，应在周边设置围栏和警戒标志，并派专人看守，严禁非操作人员入内。

3）贝雷架拆除要求。贝雷架解体时，应注意增加临时固定装置，以免分解后的梁段倾倒、掉落引发事故。待上部架体拆除完毕后，对外挑部分贝雷架由任意一侧逐根拆除，楼层内部分拆除时松掉连接段螺栓，再进行贝雷架的拆除，同时做好码放工作。以此类推，必须保证在这样的顺序下，将其他各排贝雷架逐根进行拆解，然后用塔吊或卸料平台吊运至地面。这个拆除过程中，必须由专人进行全程跟踪监督，同时做好下部地面位置的警戒工作。

四、检测监控措施及监理巡查重点

（一）督促施工单位日常进行安全检查，项目部每周进行安全检查，所有安全检查记录必须形成书面材料。

（二）高大模板日常检查，监理巡查重点部位：

1. 杆件的设置和连接、连墙件、支撑、剪刀撑等构件是否符合要求。

2. 地基是否积水，底座是否松动，立杆是否悬空。

3. 连接扣件是否松动。

4. 架体是否有不均匀的沉降、垂直度。

5. 施工过程中是否有超载现象。

6. 安全防护措施是否符合规范要求。

7. 支架与杆件是否有变形的现象。

（三）支架在承受六级大风或大暴雨后必须进行全面检查。

（四）监测点布设

在支架边角位置及中间按每隔15m间距设置监测剖面，主梁两端及中间各布一个监测点。每个监测剖面应布置不少于2个支架水平位移和立杆变形监测点、3个支架沉降观测点。监测仪器精度应满足现场监测要求，并设变形监测报警值。

监理单位应每日按检测频率要求督促、旁站监督施工单位的检测过程，并及时做好书面记录，同时应立即完成数据对比，确保检测数据真实、可靠。

（五）监测频率

在浇筑混凝土过程中应实时监测，一般监测频率不宜超过20～30min一次。在混凝土初凝前后及混凝土终凝前后也应实时监测，监测时间可根据现场实际情况进行调整。监测时间应控制在高支模使用时间至混凝土终凝后至少达到设计强度的50%。

（六）当监测数据超过预警值时必须立即停止浇筑混凝土、疏散人员，且应在确保人员安全的情况下方可进行加固处理。

结语

本工程主要采用贝雷架结构作为悬挑结构支撑平台，可完全在主体结构内部完成组装，利用倒链作为辅助工具进行组装后贝雷架的移动及定位、操作安全便捷；利用贝雷架较好的受力性能及整体性，完全能满足悬挑结构施工荷载，结构安全可靠；施工人员在由贝雷架组成的平台上搭设上部模板支撑系统，完全实现材料的可周转性，大大降低施工成本，缩短施工工期。为以后类似工程项目积累施工监理经验及参考。

参考文献

[1] 肖艳梅. 贝雷架在高空大跨度房屋建筑工程中的应用[J]. 科技信息，2017（10）.

[2] 訾建涛，吕仲亮，张传浩. 贝雷梁在大型公建项目超高超大悬挑结构施工中的应用[J]. 建筑施工，2017，39（3）：346-348.

扣件式钢管脚手架高支模搭设允许偏差及监测变形预警值   表1

序号	项目	搭设允许偏差	变形预警值	检查工具
1	立杆钢管弯曲3m<L≤4m	≤12mm	/	/
	4m<L≤6.5m	≤20mm		
2	水平杆、斜杆的钢管弯曲L≤6.5m	≤30mm	/	/
3	立杆垂直度全高	绝对偏差≤50mm	10mm	经纬仪及钢板尺
4	立杆脚手架高度H内	相对值≤H/600	10mm	吊线和卷尺
5	支架沉降观测	<10mm	8mm	水准仪
6	支架水平位移	/	10mm	经纬仪及钢板尺

浅谈城市轨道交通机电装修工程技术咨询巡查重点

袁晓勇

众和工程管理有限公司

摘 要：城市轨道交通机电装修工程具有涉及领域广、参与专业多且专业性强等诸多特点，此阶段技术咨询工作在人员专业结构配备、检查模式、咨询报告编制等方面都与土建施工阶段有所不同，如何更好地为政府在机电装修工程阶段提供优质服务，技术咨询工作需要建立一种适应机电装修工程特点的咨询模式和工作重点。

关键词：技术咨询；工程特点；巡查重点

引言

城市轨道交通工程建设施工期间往往受到外部因素的影响，机电装修工程工期紧、任务重，在这个阶段的质量、安全、进度、造价控制难度大、相互矛盾突出。在这个阶段技术咨询工作面对人员专业结构配备不均衡、专业性强等问题，本文结合西安城市轨道交通机电装修工程的技术咨询工作，浅谈一下这一阶段的工作重点。

一、城市轨道交通机电装修工程监理咨询背景

2020年12月28日上午9时30分，西安地铁5号线、6号线、9号线正式开通初期运营。西安轨道交通实现1年内新增运营里程83km，创下西安地铁开工建设以来最高纪录。至此，西安轨道交通形成7线运营（不含机场线），运营里程达215km，线网日均客运量预计达到350万人次，轨道交通的城市公共交通分担率超过50%，极大地缓解了西安主城区交通拥堵问题，市民乘客出行将更加方便、快捷。

2021年6月29日上午11时，西安地铁14号线开通初期运营，与既有机场城际贯通运营，统一为14号线，正式投入载客服务。西安地铁14号线是第十四届全运会交通重点配套工程，该线路西起北客站，东至贺韶，共计车站8座（含换乘站3座），全长13.7km。地铁14号线车辆采用B型车，6辆编组，最高运行速度100km/h，开通后将与现有机场城际线贯通运营，统一为14号线，与现行地铁线网票制保持同网同价。线路串联西安咸阳国际机场、北客站综合交通枢纽及西安奥体中心，带动空港新城、秦汉新城、未央区、浐灞生态区、国际港务区产业升级与发展。

就在短暂的两年时间里西安城市轨道交通机电装修工程，在政府购买服务的牵头单位西安市工程质量安全监督站领导下，组织由多家监理咨询单位抽调相关专业人员组成的联检组，穿梭在5号、6号、9号、14号线之间，克服了工作中的各种困难，在日常巡检中抓重点、提建议、重研判，最终技术咨询向政府提供了满意的服务。

二、城市轨道交通机电装修工程的特点

（一）涉及领域广、参与专业多且专业性强

机电装修工程涉及建筑、材料、设备、供电、通信、信号、机车、安全、卫生等诸多领域；有房屋建筑、建筑装修、通风与空调、给水与排水、建筑电

气、高压供电、信息系统等专业和专业性强的特点。

（二）施工及验收规范具有相关行业借鉴性和地方性

机电装修工程使用的施工及验收规范都借鉴相关行业的标准，如借鉴了铁路标准、电力标准、国家市场监督管理总局标准等，同时也要依据相关行业规范指导施工和验收，地方编制的施工及验收规范也具有显著地位。

（三）设备采购量大、价值大、验收任务重、成品保护困难

机电装修工程从电缆到各专业的配套设备种类多、数量大、价值大，对设备采购及验收要求严格，安装完成的设备因受交叉作业影响，设备成品保护易被损坏。

（四）施工交叉作业安全隐患多

机电装修工程因为施工现场交叉作业引发的安全事故较多，高处坠物打击事故频发，场内小型施工机械设备伤人事故不断。

（五）功能性试验具有关键性

机电装修工程各种功能性试验如果出现不合格项，检查和更改工作会十分困难，甚至有些部位无法改正，从而给项目带来损失。功能试验出现不合格的还会牵一发而动全身影响其他专业。

（六）系统调试和综合联调技术要求高

机电装修工程的系统调试和综合联调联试都采用各自的专业软件进行调试，专业性强、技术要求高。

（七）各专业需要二次深化设计

机电装修工程各专业需要二次深化设计的地方较多，例如综合支吊架中抗震支架就需要进行二次深化设计；空调机房机组安装需要二次深化设计；

消防泵房机组安装也需要二次深化设计等。

（八）单位工程竣工验收量大、参加验收单位多、组织验收工作庞大

机电装修工程涉及标段多且（子）单位工程划分32个之多，验收工作量大、验收程序复杂，组织验收工作也较为庞大。

三、技术咨询在城市轨道交通机电装修工程中的巡查重点

（一）建筑装饰装修和二次结构专业

建筑装饰装修专业巡检项目包括：测量工程、排水工程、吊顶工程、墙饰面工程、楼地面工程、涂饰工程、细部工程、地上附属设施、标识标牌工程、装饰装修收口处理、绿色地面、成品保护等。

机电装修工程建筑装饰装修监理咨询巡查重点，首先要从开工条件符合情况开始检查，主要对方案编制、测量记录、原材料进场验收、土建预留洞口、预埋件位置等进行检查。

其次，在质量方面要检查二次结构植筋的抗拔试验是否符合设计要求，保证砌体结构抗震要求；检查涉水房间砌块墙体下部是否用实心砖砌筑至设计高度，提高砌体整体强度；检查防火分区隔墙是否与顶棚填实，减少热烟试验漏烟率；检查离壁沟排水是否畅通，保证其封闭后排水畅通；检查吊顶主龙骨锚固情况，确保公共区域安全；检查顶棚吊顶吊杆长度超过1500mm，是否增设反向支撑；检查墙面干挂连接件是否牢固，确保公共区域使用安全；检查石材铺贴粘接方式和施工缝、温度缝、伸缩缝是否符合设计保证工程质量；检查

站台绝缘层铺设是否符合设计，确保绝缘电阻值符合限值；检查防静电地板是否符合设计荷载要求，保证使用功能正常；检查挡烟垂壁、栏杆扶手、变形缝预埋件、后置埋件、连接点是否符合设计要求，确保公共区域安全使用；检查无障碍设施是否符合《无障碍设施施工验收及维护规范》GB 50642—2011的要求，保障残障人士出行安全；检查装饰装修工程成品保护是否满足要求，保障使用功能正常。

在安全方面要检查人行上下通道是否安全、临时用电是否安全；场内机械操作是否安全；交叉作业是否安全；土建遗留工作面安全防护是否安全。

（二）站内客运设备

站内客运设备包括：自动扶梯、电梯、轮椅升降机。

技术咨询巡检工作主要检查：设备验收记录是否完整有效；土建交接中预留吊环位置是否正确、吊环使用钢筋规格是否与设计一致、吊环试吊结果是否满足实际安装使用，确保安装过程安全可靠；土建预留洞口标高、几何尺寸、预埋件位置是否满足安装要求，保证设备一次准确就位；核查站厅观光电梯钢结构二次深化设计单位资质是否满足，检查钢结构焊接质量；检查电梯、扶梯成品保护是否满足保护要求；检查系统调试结果是否满足使用功能。

（三）站台屏蔽门

站台屏蔽门巡查项目包括：样机试验、门体安装、设备安装及配线、电源及接地、系统调试。

技术咨询巡查工作主要检查：样机试验参数是否满足使用功能要求；门体安装时使用的紧固螺丝、垫块是否采用了

热镀锌产品，垫块规格及数量是否合规，保证屏蔽门安全使用；门体与轨道等电位连接端子部位钢轨是否除锈，确保电气连接可靠；检查门体上、下部位是否有侵线凸出物，确保行车安全；检查门体与土建结构绝缘效果是否满足设计要求；检查成品保护是否满足保护要求；检查系统调试结果是否满足使用功能。

（四）通风与空调专业

通风与空调专业巡查项目包括：风管及部件制作、风管及部件安装、空调水系统、设备安装、防腐与绝热、调整试验。

技术咨询巡查工作主要检查：设备进场验收程序是否合规；核查设备基础验收记录；核查设备安装及管线布设二次深化设计是否与进度匹配；设备减振设施安装是否符合设计要求；空调机组组装是否按照厂家组装图安装；机组管线支吊架和减振装置安装是否符合设计要求；冷水机组组装和机组减振设施安装是否按照厂家组装图安装；多联机组装和管线布设及安装是否按照厂家组装图安装；核查系统调试结果是否满足功能要求；空调机组及管道卫生消毒结果是否符合卫生标准；成品保护是否满足保护要求。

（五）给水与排水专业

给水与排水专业巡检内容包括：给水系统、排水系统、热水供应系统、卫生器具安装、接地与杂散电流、调整试验。

技术咨询巡查工作主要检查：给水管道材质必须符合《生活饮用水卫生标准》GB 5749 的标准；消防设备是否符合设计要求；排水塑料管伸缩节设置位置及做法是否符合设计文件要求；核查排水主立管及水平干管管道是否做通球试验；金属给水排水金属管道接地是否符合设计文件要求；给水排水金属管道防杂散电流措施是否符合设计文件要求；给水管道的水压试验是否符合设计文件要求。

（六）供电专业

供电专业巡查内容包括：基础预埋与接地装置安装、牵引与降压变电所设备安装、变电所调试与送电、电缆敷设、电力监控与电能质量管理、刚性架空接触网、柔性架空接触网、均流与回流电缆和设备安装、接触网冷滑及送电开通、杂散电流防护、低压配电及动力照明、供电系统联调。

技术咨询巡查工作主要检查：设备基础预埋件的材质、型号、规格、尺寸、制作是否符合设计文件要求；基础预埋件表面防腐处理是否符合设计文件要求；预埋件是否可靠接地，接地方式和数量是否符合设计文件要求；设备开箱验收是否符合要求；干式变压器就位时安装方向是否符合设计要求；整流变压器至整流器间的连接电缆是否在电源侧单端接地；中压交流配电装置安装是否符合设计文件要求；核查直流开关柜柜体主回路是否进行了绝缘耐压试验，柜体框架是否绝缘安装，导电回路电阻是否符合设计文件要求；电缆支架、桥架、电缆预埋管的敷设、安装及接地是否符合设计文件要求；隧道内锚栓的类型、规格、埋设位置、埋设深度是否符合设计文件要求；核查锚栓锚固后是否进行了拉拔试验，抗拔力是否符合设计文件要求；核查供电系统联调结果是否符合功能需要。

（七）通信、信号专业

通信专业巡查内容包括：专用通信系统、民用通信引入系统和公安通信系统。

信号专业巡查内容包括：电缆线路、固定信号机、发车指示器及按钮装置、转折设备、列车检测与车地通信设备、车载设备、室内设备、试车线设备、微机监测、防雷、接地装置安装、配线、系统功能、性能验收。

技术咨询巡查工作主要检查：设备进场验收程序是否合规，电缆敷设是否符合设计要求，系统调试结果是否满足功能需要。

（八）火灾自动报警系统

火灾自动报警系统工程包括：光（电）缆线路、自动火灾报警及联动系统、火灾应急广播系统、电源及接地工程。

火灾自动报警系统巡查内容包括：光（电）线路敷设、设备安装及配线、电源与接地、调整试验。

技术咨询巡查工作主要检查：设备进场验收程序是否合规；火灾自动报警系统的电磁兼容性防护功能是否符合《消防电子产品 环境实验方法和严酷等级》GB 16838—2005 的规定；直流电源线是否以显色区别正、负极性，正极是否为红色，负极是否为蓝色或黑色；电缆敷设是否符合设计要求；系统调试结果是否满足功能需要。

（九）环境与设备监控系统

环境与设备监控系统工程包括：光（电）缆线路、环控系统、电源及接地工程。

环境与设备监控系统巡查内容包括：光（电）线路敷设、设备安装及配线、电源与接地、调整试验。

技术咨询巡查工作主要检查：设备进场验收程序是否合规；进场材料和软件的型号、规格、质量是否符合设计文件要求及《智能建筑工程质量验收规范》GB 50339—2013 的规定；电缆敷设是否符合设计要求；系统调试结果是否满足功能需要。

（十）综合监控系统

综合监控系统巡查内容包括：光（电）线路敷设、设备安装及配线、电源与接地、调整试验。

技术咨询巡查工作主要检查：设备进场验收程序是否合规；核查系统总体监视功能是否显示画面完整，是否有遗漏站点和遗漏专业，各车站及各专业设备显示状态是否与现场实际设备状态一致；电缆敷设是否符合设计要求；各系统调试结果是否满足功能需要。

1. 乘客信息系统

乘客信息系统巡查内容包括：光（电）线路敷设、设备安装及配线、电源与接地、调整试验。

技术咨询巡查工作主要检查：设备进场验收程序是否合规，电缆敷设是否符合设计要求，系统调试结果是否满足功能需要。

2. 自动售检票系统

自动售检票系统巡查内容包括：光（电）线路敷设、设备安装及配线、电源与接地、调整试验。

技术咨询巡查工作主要检查：设备进场验收程序是否合规；核查自动售检票系统是否符合土建、装修、通信、供电、动照、FAS 接口专业的施工界面、施工范围和接口要求的设计文件要求；电缆敷设是否符合设计要求；系统调试结果是否满足功能需要。

3. 门禁系统

门禁系统巡查内容包括：光（电）线路敷设、设备安装及配线、电源与接地、调整试验。

技术咨询巡查工作主要检查：设备进场验收程序是否合规；核查门禁系统及设备是否按照一级负荷供电，系统接地是否接入综合接地网；电缆敷设是否符合设计要求；核查系统断电后，备用电源是否启用，设备运行是否中断；系统调试结果是否满足功能需要。

4. 车辆基地

车辆基地巡查内容包括：基地构筑物、工艺设备安装工程、车辆基地功能质量验收。

技术咨询巡查工作主要检查：二次深化设计是否与工程进度匹配；检修平台边缘距线路中心线的距离是否符合设计文件要求，是否有侵入限界部位；不落轮镟床待机运转状态下，测试各个运动部件是否功能正常，动作是否到位，是否符合设计文件要求；核查车辆基地功能质量验收是否包括：走行功能质量验收、运用整备功能质量验收、检修功能质量验收、消防质量验收、后勤保障功能质量验收等。

5. 综合联调与试运行

组合联调与试运行巡检内容包括：关联系统调试、总联调、试运行。

技术咨询巡查工作主要检查：核查机电设备系统综合联调联试范围是否包括：车辆、供电、通信、信号、火灾自动报警系统、环境与设备监控系统、综合监控系统、乘客信息系统、自动售检票系统、门禁、车辆基地工艺设备、站内客运设备、站台屏蔽门、通风与空调、给水与排水、防淹门、人防门。

结语

城市轨道交通机电装修工程是一个由多专业组成的系统工程，对于单独一家技术咨询单位提供有质量的技术服务有一定的难度，西安市工程质量安全监督站率先在西安地铁 5 号、6 号、9 号、14 号线，采用多家技术咨询单位抽调相关专业人员组成联检组巡查的模式，主抓机电装修工程专业主线和巡查重点开展技术咨询服务工作，最终确保了西安城市轨道交通项目如期顺利开通运行。

"世界第一拱桥"平南三桥钢格子梁结构及涂装监造

陈冠名

广西桂通工程咨询有限公司

摘　要：从19世纪末算起，现代桥梁发展至今已有百余年的历史，在历史长河中，人类对交通的需求在科技进步的同时也有前所未有的提高，进而促进了现代桥梁建设的迅猛发展。平南三桥全长1035m，主桥为575m中承式钢管混凝土拱桥，是目前建成的世界上跨度最大的拱桥。笔者很荣幸参与到"世界第一拱桥"平南三桥的建设中，在此建设背景下，本文以平南三桥钢格子梁结构加工和涂装防护施工的监造为例，介绍厂内钢格子梁制造加工全过程的施工工艺、监理控制措施及要点，以此来提供给进行类似桥梁监造的监理工作者参考。

关键词：平南三桥；厂内制造；结构加工；涂装防护；钢结构监造

一、工程概况

平南三桥是荔玉高速平南北互通连接线上跨越浔江的一座特大桥，是世界上已经建成的最大跨径拱桥。平南三桥桥面钢格子梁由两道主纵梁（吊索处）、五道次纵梁与吊索处的主横梁及四道次横梁组成；钢格子梁均采用"工"形截面，钢混凝土组合结构的桥面底面钢板厚8mm，钢混凝土组合桥面梁的钢格子梁，其主纵梁、主横梁下翼缘钢板采用Q420qD钢板。全桥钢格子梁共37个节段，南北岸各18个节段，另外中间还有一个匹配段。全桥钢格子梁总重5500t，最重节段为南北岸的两个第四节段，单个第四节段重139t。

二、钢格子梁施工工艺流程

平南三桥钢格子梁制造需经历钢板进场、下料切割及零件加工、工厂内单元件制作、总成匹配制造、涂装防护施工、工地安装等多道工序。进场钢板经下料切割后形成钢格子梁单元件加工的零件，各种单元件在工厂的专用胎架上进行制造，经总成拼装成钢格子梁节段，钢格子梁总成拼装胎架按三个以上吊装节段匹配制造设计，胎架按桥面线型设计制造，在胎架上完成纵横梁、人行道、车行道底板焊接及节段接头连接件的匹配、钻孔工作，总成匹配制造完成后进行整体完工清磨，结构完工后下胎转运至涂装车间进行涂装防护施工。平南三桥钢格子梁的厂内涂装防护施工需依次

经历喷砂除锈施工、环氧富锌底漆施工、环氧云铁中间漆施工、氟碳面漆施工，最后一道面漆完工后进行存梁，钢格子梁厂内制造到此全部完成。采用水路将节段、构件由厂内存放区运至桥位进行吊装，吊装钢格子梁线型调整到位后，完成工地安装焊接工作。本文主要介绍钢格子梁厂内加工制造从材料进场到涂装防护全过程的监理控制措施及要点（图1）。

三、原材料进场复验监理控制措施及要点

钢结构加工的原材料进场复验阶段，监理方需检查钢板、焊接材料、涂装材料、半成品零件或者成品等的质保

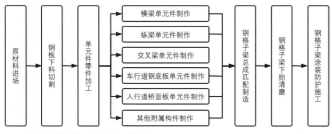

图1　平南三桥钢格子梁制造工艺流程

书是否齐全，并核对进场原材料的型号、牌号、规格等是否符合设计及规范的要求，核对质保书上材料的理化性能指标是否符合现行规范和标准的要求，并对原材料进行进场检测和按要求取样送检。

以钢板进场复验为例，钢板进场后检查其外观、尺寸、板厚等是否符合对应的现行规范和标准的要求，并核查其质量证明文件的完整性和符合性，还需督促施工方及第三方检测机构对钢板进行超声波无损检查，并保证超声波无损检查的一次合格率达到规范要求。按《铁路钢桥制造规范》QC/R 9211—2015的要求，钢材进场抽样检验应按同一厂家、同一材质、同一板厚、同一出厂状态每10个炉批号抽验一组试件进行力学性能、化学成分复验，其中每炉批不得超过60t，监理需旁站钢板切割取样过程，并在施工方送检的基础上按规范和合同要求进行送检，其复验结果应符合国家现行产品标准的规定并满足设计要求。

四、钢格子梁结构加工制造监理控制措施及要点

1.钢板下料切割及零件加工控制

下料过程中，监理主要采取抽检的方式对钢格子梁拼板的下料尺寸进行控制，使用钢卷尺根据下料零件的零件号对应的设计尺寸进行抽检，使用拉粉线的方式做下料钢板表面平整度和对角线之差的检查，使用多功能角度尺做坡口角度和切割面垂直度检查，采用目测的方法对局部缺口崩坑、钢板表面缺陷、切割表面和坡口表面粗糙度等外观项目进行检查。后续工序中检查各种单元件的几何尺寸时，若出现因下料导致的偏差过大，应回头对下料尺寸进行检查和控制，并根据实际情况增加下料阶段的抽检及巡视比例。监理人员可根据《铁路钢桥制造规范》QC/R 9211—2015的相关要求检查下料零件。

1）焰切面质量符合表1的规定。

2）尺寸允许偏差应符合《铁路钢桥制造规范》QC/R 9211—2015的相关要求。

3）切割面的硬度不超过HV350。

4）圆弧部位应修磨匀顺。

5）崩坑缺陷的修补应符合《铁路钢桥制造规范》QC/R 9211—2015的相关要求。

2.单元件加工制造监理控制重点

1）单元件放地样及胎架制作

放地样是保证生产产品轮廓线形的重要工序。放地样阶段，监理人员检查地样坐标点是否符合单元件线型和地样坐标要求，地样坐标允许误差应符合设计及规范要求，本桥控制在±1mm；画线阶段，需根据构件的设计线型及地样坐标点进行画线施工，监理人员复核地标画线是否与坐标点的连线重合。

胎架制作过程监理需进行巡视，需确保搭建胎架的平台基础有足够的承载力，且构件上胎后平台本身不发生变形和沉降。胎架完工后，需检查胎架是否有足够的强度、刚度和结构完整性，以及胎架与地面基础的连接点是否稳固，确保胎架能支承分段的重量，以保证单元件装配线型，并核查胎架上是否按制造图要求画出分段中心线、接缝线、水平线、检验线等必要的标记。胎架支撑构件的接触面标高是检查的重点内容，监理需对胎架支承平面进行标高检查，胎架标高的误差允许范围：±1mm；其他胎架完工检查项目还有胎架水平度、模板垂直度、模板型值位置、分段定位标记等。

2）单元件装配检查

单元件制作过程中，监理方需进行装配报检和完工验收。装配报检是对单元件制造过程控制的手段之一，是焊接前对单元件几何尺寸的控制，装配报检既要求施工方按设计尺寸对单元件进行装配，又要考虑焊接收缩的影响，主要检查项目是单元件装配的几何尺寸、线型、拼板对接处的错边及间隙等。

	焰切面质量表		表1
序号	项目	主要零件	次要零件
1	表面粗糙度	25μm	50μm
2	崩坑	不允许	1000mm长度内允许有一处1.0mm
3	塌角		圆角半径不大于1mm
4	切割面垂直度		≤0.05t（t为板厚），且不大于2.0mm

3）单元件完工验收

完工检查需按照图纸对单元件进行几何尺寸和线型检查，还需对单元件进行焊缝外观、矫正及清磨检查。涉及长度测量的采用钢卷尺，角度测量采用角尺、角度模板，平面度测量采用靠尺或粉线与直尺，整体线型及单元件的长度和旁弯测量采用根据地样吊线锤的方式，焊缝外观检查以目测为主，焊脚高度检查采用多功能焊规，所有焊缝必须在全长范围内进行外观质量检查，不得有裂纹、未融合、夹渣、未填满和焊瘤等缺陷，并应符合《铁路钢桥制造规范》QC/R 9211—2015 的相关规定；同时还需督促施工方及第三方检测机构对钢板进行超声波无损检查，并保证超声波无损检查的一次合格率达到规范要求。全桥钢格子梁的单元件数量众多，必要的编号及标识是钢格子梁厂内制造中配套生产、溯源和追踪的基础，所以还要保证单元件编号及标识的完整、正确、清晰。

3. 总成匹配制造监理

平南三桥钢格子梁节段厂内制造采用"3+1""4+1""10+1"的匹配方式进行总成预拼装匹配制造，要求采用3个及以上制造节段（根据施工场地和资源配置来选择制造节段数量）加1个匹配节段的匹配制造方式。钢格子梁总成预拼装采取主体结构整体装配定位后横、纵梁交叉焊接的制造工艺，人行道桥面板、车行道钢底板的装焊和剪力钉焊接在横、纵梁交叉焊接后施工，之后进行吊索预埋管装焊施工，并以吊索预埋管定位整个钢格子梁主体结构的位置，最后进行节段间高强螺栓栓接孔的钻孔和匹配施工，高强螺栓栓接孔匹配完成后才能下胎清磨。

在钢格子梁节段的匹配制造过程中，监理应对总成钢格子梁节段地样坐标进行复测，并对节段胎架的标高和稳固性等进行检查；对主体结构（纵横梁单元件、人行道桥面单元件、车行道钢底板单元件、吊索预埋管等）的装配定位、矫正和完工进行检查；对剪力钉进行焊接质量检查，对高强螺栓连接面栓接孔匹配和高强螺栓施拧扭矩进行检查；总成匹配制造加工完成后采用吊索预埋管中心位置定位梁段，每片钢格子梁四个吊索预埋管中心位置的测量放在最后进行，是监理对钢格子梁定位控制的重中之重，整体总成匹配制造上需保证每个单元件定位准确及每片钢格子梁高精度对接的同时，还需保证每片钢格子梁的四个吊索预埋管高精度定位。钢结构完工后进行钢结构表面的清磨施工和检查，合格后即可下胎，也可根据生产需要下胎后再选择合适的存放胎架进行梁段钢结构表面的清磨施工和检查。

五、钢格子梁涂装防护监理控制措施及要点

1. 喷砂除锈施工质量控制重点

1）喷砂除锈施工的环境要求：作业环境温度在 5～38℃，车间内的相对湿度低于80%，钢结构表面温度高于施工环境露点温度3℃以上。可采用干湿温度计和露点对照表检测施工环境温度与相对湿度，采用红外测温仪检测钢结构表面温度。当喷砂除锈施工环境不能满足要求时，要求停止作业或采取相对应的处理措施。

2）喷砂除锈完成后，喷铝及喷漆施工前，要求处理钢结构表面影响涂层服役性能的焊渣、焊瘤、毛刺及其他表面缺陷。

3）一般情况下，钢结构二次表面处理完成后 4 小时内是涂层施工的最佳时间。当出现相对湿度小于 60% 的情况时，可根据实际情况延长喷涂施工的时间，但不应超过 12 小时。无论完成喷砂除锈后钢结构搁置多长时间，只要表面出现返锈现象，必须重新除锈后才能进行涂装。

2. 喷砂除锈完工监理验收重点

1）粗糙度：用粗糙度测试仪或目视比对法检测表面粗糙度，应符合《涂覆涂料前钢材表面处理 喷射清理后的钢材表面粗糙度特性 第 1 部分：用于评定喷射清理后钢材表面粗糙度的ISO》GB/T 13288.1—2008 的要求。

2）清洁度：对照图谱检测表面清洁度，表面不得有残留的焊渣等表面缺陷，具体参照《涂覆涂料前钢材表面处理 表面清洁度的目视评定 第 2 部分：已涂覆过的钢材表面局部清除原有涂层后的处理等级》GB/T 8923.2—2008。

3. 油漆层喷涂施工质量控制重点

1）喷砂除锈施工的环境要求：作业环境温度在 5～38℃，车间内的相对湿度低于80%，钢结构表面温度高于施工环境露点温度3℃以上。氟碳面漆施工时，环境温度不允许低于5℃。其他油漆涂层施工环境温度在 –5~5℃时，采用冬用型低温固化剂产品或其他措施。当施工环境不能满足要求时，停止施工或采用高速鼓风机、热风机、除湿机等调整涂装车间环境。漆膜的固化过程中也要避免灰、砂、盐和腐蚀性物质混入涂膜中。在外场作业时应避免在可能导致涂装缺陷的天气环境下进行涂装施工，比如风、雨、雪等天气。

2）油漆喷漆前，需对钢结构表面

49

的喷涂死角以及油漆难附着的地方进行预涂。

3）涂装车间内喷漆前，需对工件表面的工地预留焊接口处进行退层阶梯遮蔽保护：从坡口边缘向母材外表面，依次预留出母材宽100mm遮蔽保护，底漆宽300mm遮蔽保护，第一道中间漆宽100mm遮蔽保护，第二道中间漆宽100mm遮蔽保护。

4）涂装施工采用高压无气喷涂时，稀释剂与涂料体积的配比应按产品说明书上的要求调制。需更换稀释剂的用量和品种时，应报备监理工程师，在取得监理工程师的批准后方可变更。

5）涂料的最小复涂间隔及混合适用期应根据涂料厂家提供的说明书及本桥的"涂装试验大纲"的要求确定。为了确保涂装的质量，施工时应该严格按照涂层的最小复涂间隔进行涂层的覆盖，并在油漆的适用期内使用油漆，严禁使用超过适用期的油漆。

4. 油漆层完工监理验收重点

1）外观：采用目测法进行涂层外观检查，要求涂层平整均匀，无漏涂、针孔、气泡、裂纹等缺陷，颜色与色卡一致。

2）膜厚：采用测厚仪检查涂层干膜厚度，以钢梁杆件为一测量单元，在特大杆件表面上以10m²为一测量单元，每一个测量单元至少应选取五处基准表面，每一基准表面测量三点，取其算术平均值。测量结果遵循双90原则：90%的测量值不得低于规定的干膜厚度，其余10%的测量值不得低于规定厚度的90%。

3）附着力

采用划格法检测：整个涂层对基体的附着力和层间附着力可按《色漆和清漆 划格试验》GB/T 9286—2021规定进行划格法检验，检验结果应不低于1级，但本试验方法不适用于涂膜厚度大于250μm的涂层，也不适用于有纹理的涂层，本桥钢格子梁涂膜厚度大于250μm的涂层不适用划格法。

采用拉开法检测：整个涂层对基体的附着力和层间附着力可按《色漆和清漆拉开法附着力试验》GB/T 5210—2006规定进行拉开法检验，规范要求检验结果应不低于3MPa。按照《铁路钢桥制造规范》QC/R 9211—2015要求，无机富锌防锈防滑涂料、水性无机富锌漆的涂层对基体的附着力采用拉开法检验，检验结果应不低于4MPa。环氧富锌底漆的涂层对基体的附着力采用拉开法检验，检验结果应不低于5MPa。

结语

钢结构加工制造向来都有着技术难度大、精度要求高、加工工艺复杂等特点，在平南三桥钢格子梁的监造中，广西桂通工程咨询有限公司做到了全过程把控产品质量，将制造精度控制在了毫米级别，并形成了自己独特且完整的钢结构加工全过程监造体系，有了建成的"世界第一拱桥"平南三桥的经验积累和技术沉淀，广西桂通工程咨询有限公司会更好地服务于在建的天峨龙滩特大桥，为下一个"世界第一拱桥"的建成注入桂通力量。

参考文献

[1] 铁路钢桥制造规范：QC/R 9211—2015[S]. 北京：中国铁道出版社，2015.
[2]《涂覆涂料前钢材表面处理 喷射清理后的钢材表面粗糙度特性 第1部分：用于评定喷射清理后钢材表面粗糙度的ISO》GB/T 13288.1—2008[S].
[3]《涂覆涂料前钢材表面处理 表面清洁度的目视评定 第2部分：已涂覆过的钢材表面局部清除原有涂层后的处理等级》GB/T 8923.2—2008[S]. 北京：中国标准出版社，2008.
[4] 色漆和清漆 划格试验：GB/T 9286—2021[S]. 北京：中国标准出版社，2021.
[5] 色漆和清漆拉开法附着力试验：GB/T 5210—2006[S]. 北京：中国标准出版社，2007.
[6] 陈冠名. 钢管混凝土拱桥钢结构涂装防护施工技术研究[J]. 西部交通科技，2021（12）：153—156.

基于智慧工地与云端共享的融合技术在安全监理中的应用

薛海峰　　蔡海枫

南通城市建设项目管理有限公司

摘　要： 新时期的安全监理工作需要站在三方视角上身体力行地去体悟和践行，第一个视角是在深刻理解、遵守并严格执行国家法律和各类部门规章、规范的基础上，在受雇于业主方的同时为各方提供公平、独立、诚信、科学的安全监理服务，努力达成五方安全责任主体安全监理目标和为责任主体各方创造更多的安全示范效应；第二个视角是强化监理自身素质，要建立安全管理的监理监管体系，运用包括智慧工地、云端共享技术在内的新技术、新方法，以及新《安全生产法》关于安全管理全员责任共担、安全共管的新理念指导下开展安全监理工作；第三个视角是与各方沟通层面，在监理监造环节中，保持与政府监管部门以及各方责任主体良好有效的沟通，力争把各种安全问题遏止于萌芽状态。

关键词： 智慧工地；云端共享；融合技术；安全监理

引言

20世纪80年代末，当时的建设部建筑监理司邀请我国监理体系奠基人丁士昭教授回国，创建了我国的监理制度。在当初的顶层设计规划中有一个问题就是监理自身的定位，监理到底代表了谁？20世纪90年代后全国各地建设工程开展得如火如荼，随着改革开放30多年来，整个社会对监理的需求也发生了方向性的改变，伴随着各种安全事故的频发，目前全社会对安全监理的责任目标有三个方向性的诉求：即独立的第三方诉求、业主方的管理诉求、政府的监管诉求。而安全监理是三个方向性诉求的共性点，更进一步说，安全监理具有特殊性，是三个诉求的凝聚点。即在安全监理工作中，需要集公平性、独立性、诚实性、科学性、预见性于一体，必须满足法制规定、责任主体需求、政府监管要求。综上所述，这使我们的安全监理工作也迎来了前所未有的严峻挑战。

一、当前安全监理主要工作及遇到的问题

（一）安全监理的工作内容

安全监理工作是以法律法规、部门规章、各类规程规范为准绳，对施工安全生产的全过程进行监理。各方对自身需恪守的法规规程的履行程度与安全监理目标的达成与否成正向关系。我国在多部法律、法规中都对安全监理职责提出了明确要求。比如《建筑工程安全生产管理条例》中要求工程监理单位和监理工程师应当按照法律、法规和工程建设强制性标准实施监理，并对建设工程安全生产承担监理责任。在《建设工程监理规范》GB/T 50319—2013中对安全生产管理的监理工作，可概括为"一编四查，巡旁并用"。"一编"，即根据施工单位提交的危大工程安全施工计划进行对应工程安全监理细则的编制，确定大局思路和具体措施。"四查"，包括对施工单位安全生产制度建立和实施情况的审查；施工单位安全生产许可证和相关负责人、特种作业人员资质的审查；安全技术措施、专项施工方案和强制性标准匹配度的审查；施工机械和设施安全许可验收手续的审查。在整个安全生产施工过程中，安全监理也负担着施工

单位在明知风险隐患并对下达的通知单或总监下达的暂停令而拒不整改或不停止施工时，向总监上报并由总监向有关主管部门报告的职责。

监理受雇于业主，代表着业主的利益。满足业主管理体制要求，为业主提前预警项目管控中可能出现的安全隐患也是安全监理工作的重要内容。最近几年因为业主对安全措施成本压缩、个性需求不断提高和安全风险认识不足，导致出现重大伤亡事故，使得业主被依法追究刑事责任。落实安全监理的预警职责，可有效减少业主的刑事风险和经济损失。

（二）安全监理的现场管控措施

施工作业是由内部作业和外部作业组成的，有动态多班组同步作业，也有静态危大工程的安装。在安全监理管控手段中有两个常用的工具，巡视和旁站。

巡视是一个动态过程，包括对内部作业和外部作业的巡视，这里分为常态化巡视和专项巡视。在常态化巡视中主要检查工人的违章违规情况，对于现场的问题要及时指出并耐心和工人沟通，站在工人的角度讲明利害关系。对于危大工程和重要的大型机械设备要有巡视记录，确保有预控，早发现、早上报。对于常态化巡视过程中重复出现的问题，分类归总并以通知单形式下发施工单位，督促其在规定时间内进行整改。专项巡视针对监理规范明确的、建设单位所重视的、施工单位多次触发的作业进行，需按审核后的方案进行巡视，对于出现的问题要有预控性建议，在问题严重前进行控制，更进一步做到问题杜绝。

旁站，主要运用于关键工序和危险性较大的单项工程。安全监理工作范围包括大型机械安装与拆除、脚手架搭设与拆除、外墙系统的机械和移动平台的

使用等，代表业主为施工单位提供专业性的指导，为监管单位采集可追溯全过程影像资料，履行自身职责与义务，是控制事故的有效手段。

（三）安全监理的突出问题

安全监理在实际工作中面临自身组织设计问题和外部环境变化问题。监理职能划分中专职安全监理一般项目中只设置少数，常规监理过程由监理员承担了部分安全巡视和旁站职能，这使得安全监理工作受到监理员的安全业务水平、对危险源识别能力的制约。随着社会安全意识的提高，特别是国家层面对安全事故的重视，我国建筑领域多部法律法规对建设单位、施工单位、监理单位和监管机构的要求和处罚都有了新的高度，而在安全监理中旁站比例大幅度上升，对监理单位人员安排和工作强度形成了巨大压力。自此监理人员对现有技术在安全监理中的融合应用更加期盼。

二、智慧工地与云端共享融合技术概述

（一）智慧工地

为解决建筑行业的重大事故等潜在问题，国务院办公厅印发了《国务院办公厅关于促进建筑业持续健康发展的建议》（国办发〔2017〕19号）等国家智能化建造相关政策，智慧工地这个概念也应运而生。在这几年的发展中，智慧工地从原来的全面整体化方案，演化成现在更符合使用企业自身实际情况的模块化方案。

目前企业使用的智慧工地来源于两个方面，企业自主研发和集成供应商提供相关系统服务。

智慧工地即智慧工地管理系统，与现在各地方所推行的协会团体标准中智

慧工地有本质概念区别。智慧工地一般由基础的设备监控、全域广播、环境监测、人员管理这4个模块组成，依托目前互联网、物联网、大数据等信息技术[3]，通过Web客户端和相应APP对施工现场的人员状态、设备动态、施工过程进行全时段监控管理，是集时效性、智慧性、多维性的综合安全监控平台。并且模块化设计使智慧工地使用场景得到了有效的拓展，根据项目的具体情况为综合引入材料监管、门禁监管等子模块预留了空间。

（二）云端共享

随着微信、QQ等现代即时通信工具的普及，人们由原来的实体信息交换变成了虚拟数据交换。云端共享以云计算技术为基础，对数据进行加密、隔离上传至云端，并对特定人群开放特定权限的技术，由原来的点对点数据传输，演化成了点对点、点对线、点对面等多维度传输，为企业的大数据分析、成本管控和决策优化提供了技术支撑。

（三）融合技术

融合技术是以智慧工地和云端共享为基础，不断融合新式科技成果和知识为监理监造提供有效的监管方案。通过深度集成化，在监理监造过程中解决行业普遍性问题，并在遇到新的监造问题后开辟出新的解决途径。

比如安全监理因为自身组织设计问题，受制于人员数量和专业水平能力时，运用融合技术，可让一个监理员分化成有效的多面手，在常态化巡视中形成虚拟数据通过云端共享，我们的专业安全监理工程师就能在后台对回传的数据进行判定，并把专业结果反馈于现场巡视的监理员，让其对具体问题发出适宜的指令，在出现紧急情况下，后方专业安

全监理工程师可根据法律法规要求，及时采取程序性措施，合理规避监理责任。在动态多班组作业中可通过智慧工地的高清设备对现场的视野进行组网，立体而又高时效地对施工过程进行全方位监控。深度集成现有技术，为监理监造提供最优监管方案，解决了传统监理方式中人员成本问题和人员专业性不足的问题。并且随着技术工具的优化再度深化融合形成良性循环，用专业的监造方案为业主提供增值服务，赢得业主发自内心的认同，从而使低廉的成本导向监造向精业导向转变。

三、融合技术实例运用

南通城市建设项目管理有限公司在万科海上明月项目中负责二三标段的监理监造。万科海上明月二三标段总建筑面积308972.03m²，该大型居民住宅区共由31栋18层为主的单体建筑组成。安全监理工程师及专职安全监理员在整个监造团队中占23.5%，人均分管面积77243m²。面对业主提出的安全目标："死亡、重伤、人为机械事故为零，安全评分不低于万科考核前15%"，可谓压力山大。

为了能完成业主提出的目标，项目安全监造团队灵活运用融合技术，深度集成万科智慧工地管理系统、今日水印APP云端共享和大疆无人机技术，充分发挥各组成子系统的优势，形成"人机联动，全时监控"的监造方案，使得在建项目事故率为零，在业主万科系统考核中名列前茅。这里介绍两个方面的具体优势。

（一）主体结构上正负零线后的融合技术监造优势

在主体结构施工阶段，施工单位会根据整体进度要求对不同方位的单体楼栋进行组合，采取同步作业。这就要求安全监理在工程监造过程中改变原来的传统人员巡视方式，采用基于智慧工地管理系统的融合技术。本项目中南通城建安全监理通过万科智慧工地管理系统Web端的视频监控模块，对位于塔吊上的高清监控设备进行组网，使不同方位的单体楼栋处于可视化范围，并调用智慧系统中人员管理模块，先期进行班组人员分析，划分重点监控区域，随后派监理员有主次地进行现场巡视。在巡视过程中，智慧工地后台人员可随时远程开启佩戴于监理员的执法记录仪，进行后台同步巡检并对一些场景同步录像取证，弥补一部分监理员经验不足、水平不高的短板。在遇到重大安全隐患时，可通过执法记录仪通信功能对监理员下达指令，合法合规地处理遇到的安全隐患。日常巡视中的监理员在作业过程中可通过"今日水印"APP将发现的问题拍摄并上传云端，便于处于云端团队的同事进行进一步分析，并可在监理员巡视的过程中，就把有重大安全隐患的问题分类归总，开具相应安全通知单，做到所拍所看同步发单，极大地压缩了监造过程中的流程时间，为业主的重大决策争取时间，巩固了监理自身法理性。

（二）危大工程安拆中融合技术监造优势

危大工程施工是处于施工的早期和主体结构的尾部，属于安全事故高发期，相对来讲智慧工地管理系统的硬件设施一般都是面临着视眼盲区或者即将拆除阶段。这个阶段就需要运用融合技术的其他技术组成部分，比如大疆无人机技术。大疆无人机技术具有高清取证、简单易上手、参数全面等优势，可有效弥补智慧工地管理系统中视频监控模块，在安全旁站工作中，使高清设备不局限于固定的制高点、角度盲区，在500m立体半径作业圈内皆可作业，为旁站监理员拓宽了视线，缓解了紧张的人员调配和削减了高昂的人力成本。比如在外墙脚手架拆除阶段，旁站人员可通过无人机进行空中巡视，在500m半径内的立体作业都可尽收眼底，并且旁站人员可根据显示终端风速提醒，对高空作业活动进行有效的气象监测，一旦遇到疾风，可要求作业人员立即停止作业，有效预防高坠隐患。

结语

随着《江苏省智慧工地建设标准》T/JSCIA01—2021的发布，基于智慧工地与云端共享的融合技术在安全监理工作中显示出更强的生命力，它所秉持的开放性和本身的低成本、高运用优势更契合未来全过程监理咨询发展，使需要同步处理三角关系的安全监理能够以科技手段提高建设中各环节的安全监造管理水平。

参考文献

[1] 袁帅.浅谈"智慧工地"在施工管理中的应用[J].智能建筑与智慧城市，2021（9）：98-99.

[2] 李震，王润东.智慧建造在项目监理中的实践应用[J].建设监理，2021（7）：12-13，36.

[3] 乔妹莉.浅析智慧工地建设对项目管理的积极作用[J].建设监理，2021（7）：60-62.

[4] 胡子昂.基于BIM技术的某大型功能性单体建筑安全信息可视化探究[D].天津：天津理工大学，2021.

[5] 沙俊强.创新监理工作方式方法的探讨[J].建设监理，2017（10）：28-30.

[6] 苏振，曾晖.基于微信小程序的项目管理软件在施工中的应用[J].五邑大学学报（自然科学版），2020，34（3）：75-78.

Ⅴ级围岩中TBM非常规始发掘进及监理控制要点

杜景明

北京赛瑞斯国际工程咨询有限公司

摘　要： 山体隧道的开挖往往都会遇到较为复杂的地质情况，硬岩TBM因其掘进速度快、利于环保、综合效益高等优点，在我国隧洞工程中应用正在迅猛增长。在2022年冬奥会延庆赛区外围配套综合管廊工程中，TBM法施工就遇到了在Ⅴ级围岩非常规始发掘进的难题。从参建各方及专家专题研讨、方案比对，到专家论证定措施，形成有针对性和可操作性的处理方案，进而对方案的现场实施进行全过程管控，保证了非常规始发掘进的安全稳定。

关键词： TBM法；Ⅴ级围岩；始发掘进；加固处理

TBM法是掘进、支护、出渣等施工工序并行连续作业的全断面硬岩隧道掘进施工工法，其步进需要由围岩为撑靴提供足够的支反力，对围岩级别要求高；TBM法的始发往往都处于埋深较浅的洞口段，围岩情况通常较为复杂，在2022年冬奥会延庆赛区外围配套综合管廊工程施工过程中，就遇到了TBM法在Ⅳ、Ⅴ类围岩始发掘进的情况，对始发区段的围岩加固处理和加强措施提出了较高要求。

一、工程概况

2022年冬奥会延庆赛区外围配套综合管廊工程位于北京延庆区西北约18km海坨山，地处张山营镇，南起佛峪口水库管理处，北至赛区新建塘坝，长约7.5km，建设总投资约17.5亿。入廊管线包括造雪给水、生活给水、再生水、电力、电信及有线电视等，为赛场造雪用水需求、赛区生活用水循环、赛区电力保障、赛区通信和赛事直播等提供市政管线能源输送支持，是维持保障延庆赛区国家高山滑雪中心、国家雪车雪橇中心、奥运村、媒体中心等设施的生命线。工程主要建筑物包括：新建综合管廊约6655m，综合管廊分支口、投料口、通风口、人员进出口、监控中心等沿线附属设施。拟入廊管线有2根DN800造雪引水管线、2根DN400生活用水管线、2根DN300中水应急排放管线、2~4条110kV电力管线、2~4条10kV电力管线、12孔电信管道、4孔有线电视管道。

本综合管廊工程土建施工01标段，从K0+000至K3+635，全长3635m，设计施工方法为TBM法，主体结构标准断面形式为圆形。规划设计工程量主要有：明挖段长130m（深基坑开挖）；主洞隧道长3425m，其中钻爆法施工长度为190m，TBM法施工长度为3235m；1号施工支洞长333m。本隧道预备段K0+210～K0+240，长度30m，马蹄形断面，断面尺寸11.34m×12.59m；始发段K0+240～K0+270，长度30m，马蹄形断面，断面尺寸10.92m×12.40m。

二、TBM简介

全断面隧道掘进机，分为敞开式隧道掘进机和广义盾构机，中国一般习惯将硬岩隧道掘进机（硬岩，Tunnel Boring Machine）简称为TBM，将软地层掘进机称为盾构机。硬岩TBM是利用旋转刀盘上的滚刀挤压剪切破岩，通

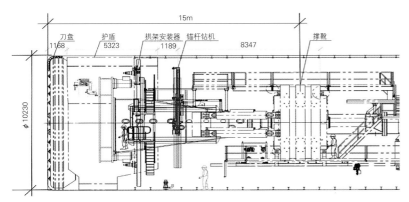

图1　TBM主要部件分布示意图

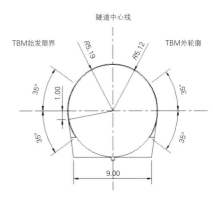

图2　TBM撑靴施力范围示意图

过旋转刀盘上的铲斗齿拾起石渣，落入主机皮带机上向后输送，再通过牵引矿渣车或隧洞连续皮带机运渣到洞外。硬岩TBM又可分为敞开式TBM、双护盾式TBM、单护盾式TBM。

本工程采用的TBM是ϕ10.23m敞开式全断面隧道掘进机，属于罗宾斯机型，结构上分为主机、连接桥和后配套三个部分。主机主要由刀盘、刀盘支撑、护盾、主轴承、驱动系统、主梁、水平支撑、后支撑等组成。后配套系统由轨行式门架结构台车组成，后配套台车上布置变压器、配电柜、电缆水管卷筒、除尘通风设备等。本项目TBM的组装为洞外组装，全长155m。

三、TBM始发掘进的条件

（一）TBM预备进洞及出发相关工程经验

1. TBM出发段长度（参考类似工程经验和TBM机具的要求）

1）TBM掌子面到撑靴长度16m，一般出发段需求长度不少于20m，如图1。

2）TBM撑靴位于隧道圆心水平线上下各35°（一共70°）范围内，TBM试掘进期间最大接地比压3.0MPa。撑靴弧长6.08m，总宽度2.3597m，凹槽宽度0.694m，受力面积10.127m²，如图2。

2. TBM出发段围岩及结构需求（参考秦岭隧道TBM法施工）

1）TBM出发一般在Ⅱ、Ⅲ级围岩范围内，确保撑靴处的受力均匀稳定。

2）TBM出发一般在施工做完二次衬砌后进行，确保不发生由于围岩节理发育、饱和抗压强度不同致撑靴受力不均，造成TBM机械破坏等危险事故。

（二）常规的TBM进洞段设置需求（本工程原规划160m）

本工程的TBM设备有效长度152m，实际长度160m（含后部顺接），之后是160m的连续皮带机设备，再之后是70m左右转渣皮带机，确保掘进过程中整体机械化作业，废渣自掌子面直接运至洞外临时弃渣场。为充分发挥TBM启动后整体性机械化连续施工的优势，需规划160m的进洞段，里程为K0+210～K0+370，其中K0+210～K0+240为洞口大管棚施工30m；K0+240～K0+340为TBM步进段，钻爆法施工100m；K0+340～K0+370为TBM始发洞段，钻爆法施工30m。TBM设备整体步进至洞内，洞外基坑130m+30m坡道设置连续皮带机系统，与转渣皮带机系统进行顺接。

（三）本工程进口段（K0+210～K0+300）围岩工程地质情况

1. 进口段地勘详勘资料（表1）

2. 现场钻爆开挖围岩揭露情况

本工程地勘资料显示，隧道完全进入白云岩里程约为K0+237。从现场钻爆开挖围岩揭露情况看，隧洞上导进洞左侧8m（K0+218）开始入岩，18m（K0+228）处上导完全进入岩层；中导进

管廊隧洞进口段（K0+210～K0+300）围岩工程地质分类统计表　　　　表1

桩号	长度/m	工程地质特性	围岩类别（水利）	围岩类别（市政）
K0+210～K0+235	25	拱顶为残坡积块碎石土、全强风化白云质灰岩，碎块状散体结构，无地下水，雨季有渗水或滴水	V	VI
K0+035～K0+265	30	浅埋洞，围岩为弱风化白云质灰岩，局部夹薄层泥页岩，节理裂隙、卸荷裂隙发育，碎裂结构，无地下水，雨季有渗水或滴水	V	V
K0+265～K0+300	35	围岩为弱风化石英岩、白云质灰岩，石英岩性脆、节理裂隙发育，碎裂结构，无地下水，雨季有渗水或滴水	V	IV

现场实际预备段与出发段位置与原设计对比表　　　　　　表2

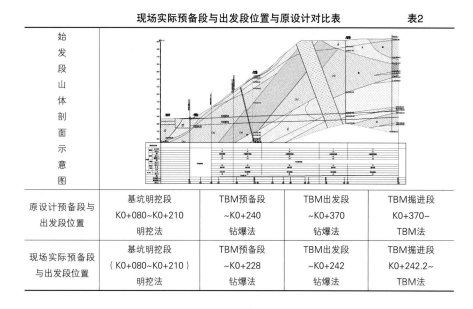

始发段山体剖面示意图				
原设计预备段与出发段位置	基坑明挖段 K0+080~K0+210 明挖法	TBM预备段 ~K0+240 钻爆法	TBM出发段 ~K0+370 钻爆法	TBM掘进段 K0+370~ TBM法
现场实际预备段与出发段位置	基坑明挖段 （K0+080~K0+210） 明挖法	TBM预备段 ~K0+228 钻爆法	TBM出发段 ~K0+242 钻爆法	TBM掘进段 K0+242.2~ TBM法

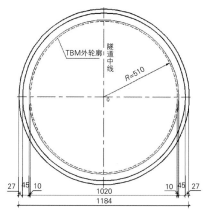

图3　V级围岩TBM始发洞1开挖尺寸示意图

洞14m（K0+224）处完全进入岩层；下导自洞口K0+210处入岩，K0+215完全进入岩层。始发段掌子面K0+242.2围岩地勘报告显示为V级围岩，围岩岩性为白云质灰岩，围岩整体呈层状结构，岩层产状约135°∠50°，岩体结构面较为发育；地下水位远低于隧洞底板。同时处于冬期施工，基本无降水量，隧洞开挖段无渗水。

3. 本工程预备段与出发段位置与原设计对比（表2）。

四、TBM非常规始发掘进方案研究

针对本工程预备段与出发段开挖揭露的地质情况和工期要求，组织召开参建各方代表及专家研讨会，提出如下比选方案。

（一）方案一：开挖施做20m的TBM出发段

1. 开挖施工要求：考虑到本工程TBM出发段处于V级围岩，需施做45cm二次衬砌来保证始发撑靴受力的

强度和均匀稳定性，应开挖20m的扩大出发洞段，尺寸应满足TBM开挖轮廓外径1020cm，预留变形量10cm，二衬45cm，初期支护27cm，如图3所示。

2. 优点：较好地满足TBM启动出发段的复杂受力要求，安全风险较小。

3. 缺点：从预备段扩挖至出发段的变截面处理难度大，工期较长（采用三台阶法开挖，预计45天左右）。

（二）方案二：注浆加固方案

通过注浆加固措施，对已开挖完成的预备段进行局部加强处理，使之满足TBM始发掘进的强度和受力的稳定性。本方案分局部（撑靴处）注浆及全断面注浆两种，详见表3。

（三）方案三：扩挖既有断面施作20m出发段

1. 扩挖施工要求：对已完成的初支隧洞凿除混凝土表层21m，拆除钢筋网、钢支撑35榀，扩挖至相应轮廓线，重新安装钢筋网、钢支撑、喷射混凝土，施做二次衬砌20m。

2. 优点：开挖量相对较少，较好地满足TBM启动出发段的复杂受力要求。

3. 缺点：扩挖时破坏已有支撑体系，安全风险较大；工期相对较长，预计42天左右。

综合对比上述三种方案，选择在方案二的基础上，有针对性地细化注浆加固的处理方案和措施，在围岩整体岩性均匀稳定的基础上，确保TBM出发时撑靴处的受力均匀稳定，同时满足合理的工期要求。

五、本工程TBM出发段加固处理方案及措施

（一）已开挖完成预备段的初期支护参数

1. 超前小导管：小导管采用ϕ42mm，壁厚4mm的热孔无缝钢管加工制成，其长度为4.5m。环向间距30cm，沿顶拱周边轮廓线单排布置，外插角10°，每两环小导管之间的搭接长度大于等于1.0m。采用纯水泥浆液注浆，水灰比1:1。水泥采用P.O 42.5级普通硅酸盐水泥。注浆方式采用全孔一次压入式，定压注浆，注浆压力为

局部（撑靴处）注浆及全断面注浆方案对照表　　　表3

注浆方案	示意图	优点	缺点
局部（撑靴处）注浆		工程量少，工期较快	对围岩整体稳定性提升有限，安全风险较大
全断面注浆		可以确保围岩整体岩性均匀稳定，确保撑靴处稳定	工程量相对较大，工期相对较长，预计35天左右

0.5～1.0MPa。

2. 钢支撑：钢架采用工20a，钢架纵向间距0.6m，相邻钢架间采用ϕ20纵向钢筋连接，单侧环向间距1m；型钢钢架采用锁脚锚管定位并锚固，锁脚锚管与水平方向夹角30°~45°。

3. 锚杆：使用YT-28型汽腿式凿岩机钻孔，拱部（半圆以上）采用ϕ25组合中空锚杆，采用注浆机注浆，注浆压力为1.0～1.5MPa；边墙采用ϕ22砂浆锚杆，间距1.0m×0.8m（环×纵），长度3.5m。

4. 钢筋网：HPB300钢筋，直径ϕ8，间距200mm×200mm，相邻铺设的钢筋网应搭接，搭接时钢筋网应对应，搭接长度不小于300mm。

5. 喷混凝土：C25混凝土厚度0.27m，喷射混凝土作业应连续进行。采取分层、分段、分片，先墙后拱、自下而上的顺序进行。

（二）注浆加强方案及措施

1. 右侧围岩变化段的加强措施：撑靴范围加设一层钢筋网片，喷射混凝土，同时预埋注浆管，进行注浆加固，注浆孔间距1.5m，孔深3.5m，保证撑靴位置安全。

2. 撑靴两侧下部欠缺部位加强措施：撑靴两侧下部存在与撑靴圆弧不贴合的弧形三角区域需要回填，在边墙支护过程中，在设计拱架上焊接工字钢，挂设钢筋网片，采用挂模喷混的方式进行混凝土喷射填充，确保撑靴整体受力，详见图4。

3. 撑靴范围内初支的加强措施：撑靴范围内拱架采用工字钢I20纵向连接，环向间距1.5m，左右侧各4根。工字钢连接处打设5.0m注浆锚管，并与型钢焊接牢固，如图5。

1）用破碎锤及风镐配合凿除工字钢连接部位的喷射混凝土。

2）型钢连接采用焊接，焊缝饱满。

3）施作固定锚管，长度5.0m。

4）喷射C25混凝土，喷层厚度27cm。

4. 出发洞范围全断面注浆加固措施：针对始发段V级围岩，进行径向注浆以满足TBM撑靴施工要求。

1）注浆孔按浆液扩散半径3m布设，梅花形布置，孔口环向间距180cm，纵向间距250cm，如图6。

2）注浆孔采用YT-28风动凿岩机钻孔，孔径52mm。

3）孔口管采用ϕ50mm，壁厚3.5mm的热轧无缝钢管，钢管长1m，孔口管理设牢固，采用机械止浆。

4）注浆采用普通水泥浆。

5）一次径向注浆结束标准。

单孔标准：注浆压力逐渐上升，流量逐渐减少，当注浆压力达到0.5MPa，单孔涌水量小于0.2L/min·m，稳定

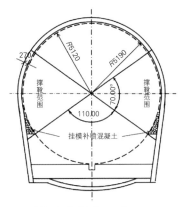

图4　撑靴下部补喷混凝土示意图

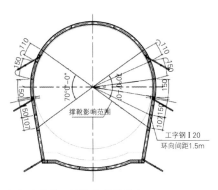

图5　加强段工字钢架组装断面图

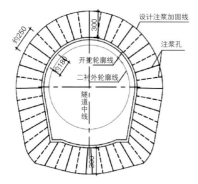

图6 注浆正面布置图

3min 即可结束注浆。

全段结束标准：一次支护表面无明显漏水点，隧道允许漏水量为 0.12L/min·10m。

当注浆完毕未达到设计要求时，应进行补注浆。

6）注浆速度：径向注浆速度为 10~50L/min，注浆压力大于静水压力，且比涌水压力大 0.5~1.5MPa。

7）注浆顺序：由下往上，隔孔跳排钻注，先灌无水孔，再灌出水孔，最后灌出水量最大的孔。

5. 前端掌子面的加强措施：增设环向超前小导管，材质与初支设计一致，间距 0.3m，长度 6.0m，保证掌子面安全。

六、监理控制要点分析

（一）参加参建各方及专家研讨会

在 V 级围岩中 TBM 的非常规始发掘进，目前尚没有成功的经验可以借鉴参考。作为工程项目的监理单位，参与施工方案的专题研讨，全面了解方案的可行性和控制重难点是十分必要的。

（二）督促施工单位编制安全专项施工方案并组织专家论证

依据《危险性较大的分部分项工程

安全管理规定》（住房城乡建设部令第37号，以下简称"37号部令"），第三章：专项施工方案，第十条：施工单位应当在危大工程施工前组织工程技术人员编制专项施工方案；第十二条：对于超过一定规模的危大工程，施工单位应当组织召开专家论证会对专项施工方案进行论证。本工程的山体隧道暗挖施工采用 TBM 法施工，在北京地区是首例，在全国管廊隧道施工中也是首例，况且在 V 级围岩中进行 TBM 的非常规始发，难度相当大，施工单位必须编制安全专项施工方案，并组织专家进行论证，为后续的施工管控提供强有力的理论依据。

（三）严格把关，审核安全专项施工方案

首先审核专项施工方案的施工单位内部审核签字程序合规性。依据"37号部令"第三章：专项施工方案，第十一条：专项施工方案应当由施工单位技术负责人审核签字、加盖单位公章，并由总监理工程师审查签字、加盖执业印章后方可实施。

其次审核方案内容的全面性，《住房城乡建设部办公厅关于实施〈危险性较大的分部分项工程安全管理规定〉有关问题的通知》（建办质〔2018〕31号）对危大工程专项施工方案的编制有明确的内容要求，特别是其中的"（五）施工安全保证措施：组织保障措施、技术措施、监测监控措施等"是专项方案审核的重中之重。

另外还要审核专项方案的针对性和可操作性。本工程的 TBM 非常规始发掘进是在较差的 V 级围岩等级条件下，经过已完初期支护的注浆加固处理的基础上进行，每一项加固处理措施是否可操作，加固效果是否成功有效，直接影

响后续 TBM 始发的安全稳定。

（四）全面加强施工过程的安全、质量管控

除了常规的企业人员安全资质、特殊工种人员资质、安全教育培训、安全技术交底等的安全审查、检查之外，要切实加强临时用电、焊接动火、支撑架设和消防安全等各项安全措施有效性的管理；全程监督落实好出发段加固处理和始发掘进过程中的监控量测工作，实时监控变形、沉降和收敛，也是安全管控的重中之重。

经过专家论证认可的专项施工方案明确了各项加固加强措施，从右侧围岩变化段的喷锚注浆、撑靴底部弧形三角区域回填处理，到撑靴范围内初支的纵向加强连接和全断面注浆加固，以及前端掌子面的超前加强措施等，每一项具体措施有效落实的质量管控，都有可能直接影响始发掘进的效果。

（五）督促施工单位严格控制始发掘进的指标参数和细节

首先是检查条件准备情况。检查前端掌子面，确认无异物，特别是钢材；检查边墙，重点是撑靴支撑范围和拱顶，确认支护质量可靠；检查 TBM 设备状态，确保良好；检查操作人员培训情况，确保相关操作工艺、细则、技术要点宣贯到位；检查初期支护材料准备情况，确保数量足够，且存储于工作区域附近；检查应急物资准备情况等。

其次是严格控制始发掘进的指标参数。一是初始掘进参数控制。TBM 掘进期间最大接地比压不超过 2MPa，撑靴的撑紧力控制值不大于 1500t，掘进推力的控制值控制在 3000 ~ 4000kN 之间，贯入度 max 控制在 1.5 ~ 3mm/r 之间，刀盘扭矩控制值 max 控制在

1000～3000N·m 之间，刀盘转速控制在 0～2r/min 之间。二是掘进方向控制与调整。水平方向 4cm，垂直方向 3cm，滚动 0.1；调向时推进速度降为 0；单次上下左右调向或纠滚，扭矩油缸和撑靴油缸的行程变化不能超过 3mm。三是参数变化的监控。设置掘进参数与方向变化预警值，并严密监控；针对初始掘进时撑靴左右围岩不均衡，重点监控撑靴压力与撑靴油缸行程，撑靴压力不大于 240bar，跳动幅度 ±20bar；撑靴油缸行程保持稳定，不得持续或间断增加，撑紧后累计伸长量不超过 10mm。

另外还要对撑靴部位进行全程监控，实时观察。观察洞壁喷混层变化，有无开裂、剥落等现象，隧洞有无变形，撑靴是否有陷入洞壁、打滑、下沉的可能性。

结论

总之，受节点工期紧和围岩级别低的综合影响，本工程的 TBM 无法实现正常条件的始发掘进，为了保证非常规始发掘进的安全稳定，从参建各方及专家专题研讨定方案，到专家论证定措施，特别是后续专项处理方案的具体实施和始发掘进，项目监理部团队进行了全过程管控，这一切都值得进行总结提升，以供同类工程施工管理借鉴和参考。

参考文献

[1] 刘春. 秦岭 I 线隧道 TBM 施工初始阶段的体会和认识 [J]. 世界隧道，1998（4）：15-17.
[2] 张青林. 重庆地铁隧道 TBM 始发段的施工技术研究 [D]. 北京：北京交通大学，2011.
[3] 2022 年冬奥会延庆赛区外围配套综合管廊工程施工图设计文件.
[4]《主洞 TBM 隧道始发段开挖及支护施工方案》及专家咨询意见.

"项管+监理"模式的项目全过程咨询工作难点探讨

中晟宏宇工程咨询有限公司

摘　要：依据某大型公共建筑工程的全过程咨询工作需求，针对其采用的"PPP+EPC+基金"投资及工程管理模式，成立监管一体化机构，集中各类技术人才，应对全过程工程咨询工作中的疑难问题。应用"项管+监理"的管理模式和BIM技术，有效地降低了设计、施工、运维等阶段各种管理工作的复杂程度，增强了项目全过程咨询工作的市场应用价值。

关键词：监管一体化；项目全过程咨询；"PPP+EPC+基金"；投资管理模式；BIM技术应用

一、工程概况

（一）基本信息

某网络安全人才与创新基地项目，属大型公共建筑项目，本项目总体规划面积40km²，其建筑面积约69万m²，总投资约101亿元；本项目建设内容包括公共建筑工程、配套住宅社区项目、市政道路工程、绿化景观工程及湿地公园等四个板块。

开工日期2017年12月，本项目分为四个板块20个子项，其中网安学院于2020年1月竣工验收合格，其余各子项目前处于竣工验收、交付使用准备阶段。

（二）项目特点

某网络安全人才与创新基地及其新城市政道路PPP项目，是在中央网信办的指导和支持下，由武汉市承接的我国网络安全领域的重点布局项目，是目前全国唯一"网络安全学院＋创新产业谷"基地，也是坐落武汉的四大国家级基地之一。

项目采取"PPP+EPC+基金"的模式筹资建设，采用了目前国家推荐实施的"全过程工程咨询"的创新咨询模式（项目管理和工程监理一体化）进行项目监管工作。

二、全过程工程咨询服务特色

（一）组织架构及融合

1. 成立监管一体化机构

考虑到本项目建设地点较为集中，采用直线制管理模式组建项目管理咨询与工程监理一体化项目机构，简称"监管一体化机构"，并配备一批素质良好的专业管理人员，其组织架构见图1。

公司及监管一体化机构依据本项目合同约定的"监管一体化"管理模式，对项目管理和工程监理工作分解，在分工和协作的同时达到一体化管理的充分融合。

监管一体化机构主要由项目管理部与项目监理部组成，其中项目管理部包括现场监管组、前期协调组、投融资监管组。现场监管组由专业工程师（包含房建、市政、园林景观等专业）、信息管理工程师、合同管理工程师等组成，前期协调组由前期报建工程师组成，投融资监管组由融资监管经济师、造价管理工程师、会计师组成。项目监理部参与

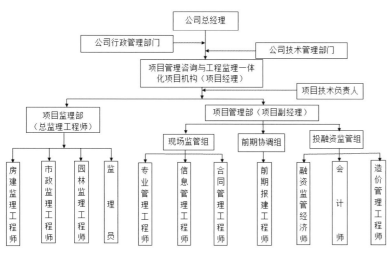

图1 直线制项目管理机构图

工程施工阶段的工作，由总监理工程师、专业监理工程师与监理员组成。监管一体化机构人员专业齐全、配备优化于单一模块管理运作模式，可实现集成化、综合化管理，步调统一，既节约了人力资源，又提高了工作效率。

项目管理机构具体组成人员根据项目进展实时调整，满足现场的需要。

2.各单位工作界面划分与融合

依据项目管理层级多的特点，监管一体化机构依据合同，在项目建设制度中帮助建设单位梳理了工作界面和各单位所负职责，明确了各层级审批人的审批方式、权限、程序、责任以及项管控制措施，确保了项目运转体系畅通高效。

除了责任划分，各参建单位的相互融合也十分重要。组织机构融合，规章制度融合，再到现场施工流程、表格资料的融合，简化了项目管理模式，推动了项目进展。通过融合，质量、进度、造价的矛盾不再通过建设单位层面相互碰撞，而由监管一体化机构从中协调推进。此举将参建各方目标统一到整体目标中，找到建设周期、投资造价、工程品质的平衡点，实现资源整合，从而降低成本、节约时间。

（二）设计管理

设计在规定投资限额下满足安全功能和使用功能的要求；设计质量包括工程的质量标准和设计工作质量，监管一体化机构协助建设单位，配合对EPC设计单位的监督管理，使设计成果的正确性、各专业设计的协调性、设计文件的完备性得到保证，确保设计文件技术可行、经济合理。

本项目建设周期紧张，由EPC主导的设计＋施工运作模式中，设计过程与施工过程有先后顺序，但相互交织，设计文件是建筑安装施工的重要依据，对设计文件的管理工作需要特别注意全流程及时跟踪，随时关注设计与施工的融合与推进过程。

例如，项目建设前期对于网安基地培训中心的设计方案中，宿舍户型、样板间质量、投资标准等具体事项各单位尚未明确，而工期紧迫，经监管一体化机构建议，建设单位组织了研讨会议。会上，建设单位、监管一体化机构、EPC单位、施工单位和跟踪审计单位共同研商。首先具体明确建筑物使用目的，即培训对象的需求，并据此细化建设标准；其次在建设进度、人工需求、变更产生的费用确定、装修单位的选择等实施手段上明确各方矛盾与需求，进行探讨，在会上确定解决方法，并约定了后续详细技术问题的申报流程及商讨方式、设计变更审批单，确定了审批流程。

监管一体化机构设计管理人员对EPC工程总承包的设计工作进行监督管理，运用方案比较和价值分析的方法把控设计进度及质量，并确保限额设计，协助业主对设计文件尽快做出审定和决策；在后续施工过程中实时跟进，与工程管理人员、监理人员及设计人员配合，确保设计意图的精准实现。

例如，对于项目变更流程，监管一体化机构将其分解为主动变更与被动变更，设计了两种变更流程，分别处理，提高效率。

主动变更：[EPC（设计）发起变更→中信网安（建设方）确认]→监管一体化（项目管理）核实变更必要性→临空投（区建设局）确认→监管一体化（监理）按监理规范表格签发设计变更令。

被动变更：临空投（区建设局）发出书面变更指令→中信网安（建设方）确认→EPC（设计）组织设计→中信网安（建设方）核实→监管一体化（项目管理）核实→临空投（区建设局）确认→监管一体化（监理）按监理规范表格签发设计变更令。

设计质量目标按阶段分解后，监管一体化机构确定了确保工程质量目标的控制点及相应控制措施。

例如，考虑到本项目建成后主要功能为网络安全教育及培训，其中智能建筑专业工程质量需严格把控。施工前准备阶段，监管一体化机构对设计图纸进行全面审核，检查受控对象的管线是否设计到位、双方信号接口界面功能是否达到设计要求等，确保建筑智能化系统总体优化、安全可靠；设备的选用应考虑技术先进、经济合理、性能可靠，并具有开放性和可扩展性。施工过程中，加强智能建筑专业工程与土建、装饰、给水排水、供电、照明等相关专业的密切配合与协调，严防在各专业工艺管道完成后再增补传感器、摄像机等弱电智能设备与管线；加强供需之间检查与验收，及时进行单体设备安装、测试和调试。

（三）投资管理

投资管理工作贯穿于项目全过程，监管一体化机构采取技术与经济相结合的方法，进行总体把控、准确计量、合理支付。

由于EPC项目前期无具体施工图设计，仅由EPC联合体中的设计单位依据建设单位意图进行设计，又迅速由联合体中施工单位实施建造，虽然简化了从设计到施工的流程，但对项目投资管控而言，有时连施工所依据的图纸版本都难以确定，准确计量、合理拨付工程款也成难题。EPC项目毕竟不完全等同于"交钥匙"工程，虽然按照里程碑式节点付款的想法是好的，项目实施时，建设单位必然将对项目投资深入管控，也必然将面临上述困境。

经委托，监管一体化机构组织了对设计方案、施工组织设计的审查工作，督促检查承包单位严格执行合同，调解建设单位与承包单位之间的争议，组织或参加与造价控制有关的工程会议。施工过程中，与EPC单位实时沟通，明

确图纸版本，保证通过审查的设计方案第一时间传达到位，使施工单位能够提前准备，尽量避免返工，结合进度计划比对设计与施工内容是否相匹配，在规定的审批时限内给予准确计量，并由监管一体化的监理部门签署工程付款凭证。

对于确需变更的，监管一体化机构从造价、项目的功能需求、质量和工期等方面审查工程变更的内容，并在变更实施前与建设单位、承包单位协商，确定工程变更价款。对于签证内容，亦严格按照合同要求审核控制。

同时，发挥监管一体化机构的组织协调与融合润滑作用，及时与建设单位沟通，了解其实际需求，以最合理的成本实现该需求；及时与EPC承包单位沟通，了解承包单位资金运转情况，以便合理安排建设资金；及时进行内部项目管理和监理部门沟通，了解工程的分项或分部验收情况，做到计量支付的准确及时。

（四）BIM系统应用

本项目在建筑全生命周期采用了贯穿式的BIM技术辅助项目建设，全过程咨询团队在前期就开始策划本项目的BIM技术实施路线，做好策划先行工作，在招投标阶段就开始约束相关BIM技术的开展标准与深度以及应用模式，做好权利与义务的划分，为本项目BIM技术应用落地提供了基础性保障。

本项目由于单体众多，下面着重以网络安全展示中心单体BIM技术应用为例，从设计、施工、运维三个阶段进行讲解。

1. 设计阶段

本项目从前期方案设计开始就充分利用BIM技术，利用BIM参数化模型将设计构思的自由与安全进行有机融合，主体结构为单层网壳结构，其屋架线条柔中带刚，美感十足象征着自由，屋面方方正正的幕墙进行包边收口，象征安全（图2）。正是利用BIM技术进行可视化的方案对比，从而使得方案能够快速落地并实施。

为了直观地表达设计意图，本项目要求设计单位在初步设计时一同提交设计BIM模型给全过程咨询单位进行初步审核，并在设计交底时将传统的二维图纸交底与BIM模型交底进行有机结合，BIM协同设计流程（图3）。

2. 施工阶段

本项目在施工阶段重点对屋盖结构进行BIM模型深化设计，利用BIM相关软件对其进行结构受力计算、能耗分析，进一步深化设计模型与施工图纸。本项目屋盖钢结构网壳规模宏大结构复杂，由400mm×150mm的平行四边形弯扭形成，公司要求施工单位采用Tekla软件进行深化BIM模型，其深化精度达到工业化生产需求，利用BIM深化数据，拆分钢结构网格，提取相关下料

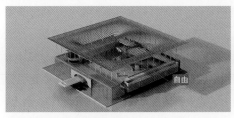

图2　单层网壳结构设计效果

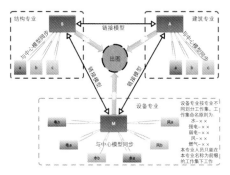

图3 IM协同设计流程

信息，进行清单管理，并以此指导放样与搭设仿形胎架。与此同时，提前利用BIM技术模拟工厂单元块加工与现场焊接点式支撑吊装，进行吊装风险的分析，计算结果应用效果图（图4）。

吊装完成后要求每块拼装构件张贴二维码标识，并完成与BIM模型数据的挂接，现场扫描二维码既可以查看构件信息，同时可以将过程检查记录数据反写至BIM模型构件中，为后期运维提供建造过程数据。

针对本项目的机电安装部分，在施工阶段同样要求达到BIM模型深化设计、指导施工的目的，对机电管线进行综合排布的同时进行净高分析，对复杂部位出具BIM三维轴测图进行施工交底，对支吊架进行精准布置，

并进行出图下料指导施工，同时对安装管线进行分段编号处理便于现场安装及管理。

本项目定向开发了BIM协同管理平台，各参建方均可利用该平台实现BIM技术的贯穿式管理，各参建方分配不同的权限实现精细化的管控，在平台上实现了进度分析管理、成本分析管理、合同信息管理、质量安全管理、招采管理等，不仅实现了智能化建造同样达到了信息化管控的双重目标。

3. 运维管理

本项目从前期策划开始就为后期运维打下坚定的BIM数据基础，各设备供应商在提交实体设备的同时要附带富含本设备相关信息的族库文件用于施工单位搭建竣工模型并移交至运维。在运维阶段本项目定制开发了一套网安智能运维管理系统，涵盖了停车场管理系统、人流分析系统、视频监控系统、气象站系统、智能消防系统、能源管理系统、智能照明系统、环境监控系统等12个子系统。智能运维实现了建筑、人文、自然的和谐共生。

网络安全展示中心项目单体利用BIM技术的深入应用，有效提升了建设效率，与传统项目比较成本节省12%，

项目工期缩短42天，设计变更减少58%，现场签证减少72%，钢结构钢材损耗量节省33%，机电管线拆改节省86%，效果显著。

（五）企业技术后台强力支撑

全过程工程咨询团队结合中晟宏宇公司内部OA管理系统作为平台支撑，自主开发手机应用"工匠兔"移动端应用系统，"宏宇学院"网络学习平台，打造宏宇公司特色信息化管理模式，已达到企业全员使用，全项目覆盖。覆盖项目全流程，从组织、技术、经济、合同四个方面的措施落实项目管理计划，实现精细化管理、控制项目目标实现。

三、全过程工程咨询服务的实践成效

（一）项目成功建设，社会效益提升

在某网络安全人才与创新基地项目建设过程中，通过全过程工程咨询管理贯穿始终的精耕细作，提供了完整的建设管理体系和技术支撑体系。项目仅用两年半的时间，从零开始，再到投入使用，高效运转，实现业主需求，"全过程工程咨询监管一体化"模式起到了不可或缺的作用。

结构计算结果

▶ 结构振型
第1阶~第3阶：悬挑区竖向振动
第4阶：屋盖扭转振动
第5阶：悬挑区竖向振动

第1阶振型（T=0.9138）　　第2阶振型（T=0.87428）

第3阶振型（T=0.8197）　　第4阶振型（T=0.7960）　　第5阶振型（T=0.7144）

图4　计算结果应用效果

高质量的建设成果，令形象升级，区域影响力逐步扩大；获得国家、省、市及其相关领导、专家、媒体的广泛赞誉，顺利完成国家、地区、省市的试点任务。

武汉大学、华中科技大学这两所"双一流"高校网络安全专业1300余名本、硕、博学生已经入住，学校正式开学，开展培养高质量网络安全人才的全新教学模式。网安基地培训中心已招收首批学员。

（二）积累企业管理经验，推动行业发展

为了进一步提高企业核心竞争力，提升工程咨询服务业发展质量，逐步对接客户对综合性、跨阶段、一体化的咨询服务需求，促进企业转型升级，宏宇公司十分重视全过程工程咨询服务体系的研究、实践与总结。依托企业覆盖咨询、设计、造价、招标代理、项目管理与监理等业务模块的完善咨询产业链和在项目推进过程中结合实际情况不断研究学习，以"全过程工程咨询研发中心"为依托，通过梳理、总结和提炼项目案例，在既有各业务模块服务体系基础上，科学编制"全过程工程咨询服务体系纲要"，整合企业各类技术资源策划，为企业服务能力的建设提供了企业标准。

结论

（一）主要成果

1. 针对项目全过程工程咨询工作中难以控制的管理问题，专门成立了监管一体化机构，不仅有力地调解了参建各方的争议，也简化了各关键环节的工作复杂程度，且通过项目实践和监理、项目管理工作的打通，培养了一批复合型的管理人才，使之在其他全过程咨询项目中成长为核心骨干。

2. 对于EPC承包管理模式的全过程工程咨询项目，抓住了投资控制决定工程成败这一关键，采用为项目专门制定投资管理制度、设置投资管控流程、制备投资管控规范用表等有效手段，在保质、保量完成工程任务的前提下，始终将项目的经费使用控制于合理的范围之内，也为公司其他项目管理、代建、全过程咨询、监理等业务提供了宝贵的管控经验。

3. 为弥补监理公司从事全过程咨询在设计管理方面的短板，通过本项目设计与BIM建模的同步实施和对BIM技术的熟练掌握，采用碰撞规避、软件模拟等手段，突破了工程的设计难点，而且工程量通过BIM模型实时提取，较方便地实施了三算对比，也及时地为成本控制提供了依据。

（二）仍需解决的管理工作的问题

1. 本项目特殊的组织管理模式，带来项目实施中各方的责任边界不清、程序不明、授权工作不到位、手段缺乏等一系列问题，项目管理未能充分地实现合约指定的总体策划、总体控制职能要求。

2. EPC等参建单位的"工程总承包"管理意识、经验和协同能力的欠缺，带来项目实施过程中的效率不高、成效不足，管理组织人员分属不同团队导致的信息传递缓慢甚至存在意思偏差等问题，有待解决。

创新流程，厘清服务边界打造满足业主需求的全过程工程咨询

李 杰

湖南省工程建设监理有限公司

摘 要： 2020年湖南省出台了《湖南省住房和城乡建设厅关于推进全过程工程咨询发展的实施意见》和《湖南省房屋建筑和市政基础设施领域全过程工程咨询招标投标管理办法》（湘建设〔2020〕206号），在上述文件的引导下，自2021年起，湖南省全面推行全过程工程咨询招标发包模式，截至2021年9月在招标项目的规模上和数量上已经超越了传统的碎片化招标，成为主流的招标模式，实施落地的项目占比达到60%以上。但是在实施过程中存在一系列亟待解决的问题，其中较突出问题有工作流程不规范、服务边界不清晰等，笔者在实践工作中，在这两个方面做了许多的探索，并努力在实践的基础上打造合业主需求的全过程工程咨询。

关键词： 全过程工程咨询；代建管理；服务边界

一、定义全过程工程咨询的核心，积极实践创新规范化的工作流程

（一）定义全过程工程咨询的核心

自全过程工程咨询推行以来，突出的问题是业主不明白全过程工程咨询到底是什么、全过程工程咨询的核心是谁？通过总结了"咨询"这个字的含义，并结合项目管理相对于业主自管的比较优势后，笔者旗帜鲜明地提出了全过程工程咨询的核心重点、难点，即项目管理是核心，策划和设计是先行，造价是灵魂，重点是提供一体化工程定义交付文件，难点是把造价融入设计全过程，焦点是总承包招标，落地点是招标文件和施工合同。

（二）浏阳市中医医院危急重症大楼建设项目全过程工程咨询实践及经验——围绕核心、创新并打造规范化的工作流程。项目总建筑面积60183.17m²，总投资5.6亿元，新建一栋急危重症大楼、一个2层地下停车库、顶楼直升机坪、广场、生态停车场、内部道路、绿化等附属工程。项目是集胸痛中心、卒中中心、创伤中心三大功能为一体，国内领先的中医危急重症大楼。

1.围绕项目管理这一核心，对全过程工程咨询的业务组合、组织架构、组织分工等进行了规范化和组织模式再造。

以合同为依据，首先确定业务组织的内容，组建联合体架构，明确以项目管理为核心，实施监理和造价服务，统筹勘察、设计、招标采购等其他服务，服务内容涵盖项目前期、实施阶段和竣工后服务阶段。其次组织架构应以总咨询师团队为核心，而不是总咨询师个人。再次在组织分工上，总咨询师团队的工作重点应该是管理、统筹和协调，各专业负责人完成各专业任务。

2.创新会议组织方式、沟通方式、协调方式，避免碎片化的项目管理。

鉴于完整的项目管理是确保不走碎片式老路的前提，且全咨的重点是要保证项目实施的完整性，因此对于项目管理方式需要提出新的思路。在浏阳市中医医院危急重症大楼建设项目的会议组织上笔者提出会前准备充分、全员参与、会议成果一次输出等全咨思维的解决方案。在沟通和协调方式上本人提出应该一切以总咨询师为主，专业负责人辅助的沟通

方式，信息传递必须集中，避免分散式的信息传递导致信息传递层层衰减失真。

3.规范工作流程，协同输出文件成果。

笔者在该项目的实践基础上，制定了项目管理工作流程，改变各业务板块的成果输出的单一性，突出同步、协作这一关键，确保文件成果是一体化咨询成果文件。其中重要的有全过程工程咨询服务方案、项目管理制度、总进度计划、报建阶段进度计划、全过程工程咨询月报和周报、全过程工程咨询工程变更管理制度、重大变更及过程结算造价管理制度等。

二、全面厘清全过程工程咨询与代建管理的服务边界

（一）笔者在本项目实践中发现，代建单位和业主单位对全过程工程咨询存在许多的误解，笔者在反复研究解读政策文件的基础上，总结了各种模式的特点后提出了自己解读。即全过程工程咨询不等于全过程项目管理和项目代建。全过程项目管理是全过程工程咨询的核心组成内容，其突出的作用是为解决建设单位项目管理的需求，全过程项目管理不能代替全过程工程咨询中的设计、监理、造价等法律主体责任。全过程工程咨询更不等于代建，代建是代表建设单位行使建设实施职责，它不属于咨询服务。

（二）基于此基础，在浏阳市中医医院危急重症大楼建设全过程工程咨询项目中，本人提出了"代建管理模式下全过程工程咨询与代建管理之间的服务边界"，通过厘清服务内容，明确各方的职责，为项目的顺利推进奠定了基础。

三、在其他实践中打造满足业主需求的全过程工程咨询服务

在实践过程中，笔者发现业主能够接受全过程工程咨询，但是对于咨询方能够做什么、怎么做、责权利如何界定依然没有清晰的概念。业主需要的不是理论上的全过程而是需要符合其需要的全过程，一刀切式地要业主接受全盘的项目管理，困难和阻碍非常大，不利于推广。在直面问题的基础上，笔者为打造符合业主需求的全过程工程咨询服务提出了三大解决方案。

（一）第一个解决方案——合署办公

合署办公的模式明确由建设单位面向政府行政部门，提出项目总体需求，制定总体目标；在项目实施层面是决策、监督、保障、技术支持的总控督导，对重要节点及重大工作进行控制与审核。全过程工程咨询实施全面项目管理与组织行为，按照总体需求及目标开展前期审批、设计管理、招标采购、施工监管等，实施对咨询服务、施工与材料设备供货等单位的统筹管理。

为此笔者破除各个专业、各个岗位之间的藩篱，制定了清晰的工作界面，针对项目管理上容易产生职责分工

不明确的情况，划定了详细的管理职责分工（表1）。

（二）第二个解决方案——根据业主方自身的能力和架构，选择合适的项目管理模式

对于业主来说，全过程工程咨询实施中如何与他们自身的优势融合是关注点，他们最关心的是他们常设的管理部门如何运转，他们很难全盘接受"一揽子"解决方案，往往需要站在他们的立场上量身定做出符合他们实际需求的项目管理解决方案，为此，笔者提出了三种项目管理模式（表2）。这三种模式提出来后，业主基本都能根据自身的情况选择一个模式，解除了困扰，放下了防备，找准了思路。

（三）第三个解决方案——给予业主三种全过程工程咨询模式进行选择

在实践中本人综合各类政策和专家的意见，提出了"1+N+X"的组合概念，并提出了三种全过程工程咨询模式供业主进行选择（表3）。"1+N+X"的概念中，"1"即项目管理；"N"即全咨单位自行实施专项咨询，包括投资咨询、勘察、设计、监理、造价、招标代理；"X"即自行实施的专项服务之外的统筹服务；"+"即平台（标准化、数据化、智能化）。

管理职责分工　　　　　　　　　　表1

管理要素	建设单位职责	全过程工程咨询项目管理职责
抓问题源头	提出要求、提出问题	找到问题之所在，是管理问题、技术问题还是经济问题，制定解决问题的对策，提出解决问题的具体流程，每个流程指定责任人，制定关键节点工作交接方式
抓过程跟踪	每周听取工作汇报，提出具体要求，必要时主持或参与过程检查、跟踪	针对具体要求提出过程检查跟踪的具体内容，编制检查跟踪措施和具体工作流程，主持日常工作，组织好办公例会，必要时组织专题会议，必要时提请建设单位并共同参与解决难度较大的协调事项
抓整改完善	参加整改过程中必要的会议和检查，重大节点控制	
抓最终落实	参加或组织建设单位的法定责任主体职责	落实后组织检查、验收，提交咨询成果文件，办理法定职责手续，完善最终签章存档的文件

项目管理模式 表2

模式	顾问型项目管理	阶段型项目管理	全过程项目管理
适用范围	适用于业主方自身管理机构项目管理能力经验丰富的情况，项目管理团队受业主委托，按照合同约定，为工程项目的组织实施提供全过程或若干阶段的管理顾问服务，特点是咨询单位只是顾问，不直接参与项目的实施管理，也不提供具体管理服务；业主方实施具体项目管理，但是需要借助咨询方某些方面的经验和能力	适用于业主方有一定的前期或者施工阶段项目管理经验和能力，但是缺乏全过程管理能力的情况。这种情况下项目管理团队受业主委托，在提供全过程的顾问服务基础上提供若干阶段、若干具体任务的具体管理服务	适用于业主方不具备项目管理经验和能力，也无意愿成立管理部门的情况。该情况下项目管理团队作为全过程工程咨询的重要组成部分，全面代表业主进行全过程项目管理，业主只需要对关键成果进行决策，协调政府层面非技术性关系，其余均由全过程工程咨询项目管理团队负责
项目主导	项目主导权完全由业主项目管理团队负责，项目管理团队作为顾问参与，不承担任何的风险，也没有任何超额收益	主导权由业主方项目管理团队负责，项目管理团队是重要的参与方，但只承担具体管理服务的风险和收益	项目管理的主导权由全过程工程咨询团队负责，项目管理团队承担相应的风险和收益，譬如要承担造价超概的风险，获得造价节约的收益

通过实践，笔者一直在寻找监理行业高质量发展的路径，笔者认为监理行业必须要进行资源整合和集中，因为只有整合资源才能集中力量办大事，才能集中行业精英和力量寻求行业的进一步突破。长期的遍地开花已经演变成了低水平重复竞争，这种低水平充分竞争又压制了企业能力的提升。突破的路径一是要认识到满足客户需求是全过程工程咨询发展的核心目标也是全过程工程咨询发展的必经之路；二是要重视人才的培养机制，培育有开拓精神全过程工程咨询团队（表4）。

三种全过程工程咨询模式 表3

模式一：标准型建设实施全过程工程咨询	模式二：全能型建设实施全过程工程咨询	模式三：一体化全过程工程咨询
1+3+3	1+5+1	1+6+0
项目管理+（造价咨询、监理、招标代理）+三项统筹服务	项目管理+（勘察、设计、监理、造价、招标代理）+投资决策统筹	项目管理+（投资咨询、勘察、设计、监理、造价、招标代理）

浏阳市中医医院危急重症大楼建设项目代建模式下全过程工程咨询与代建管理之间的服务边界 表4

	使用单位（浏阳市中医医院）管理内容	代建单位（浏阳市公共工程建设中心）管理内容	全过程工程咨询服务内容
立项	提出项目的建设性质、建设规模、使用功能配置、建设标准，组织编报项目建议书		依据建设单位提出的要求，具体编制项目建议书，配合建设单位报批
前期	参与项目可行性研究报告、初步设计和施工图设计编报	依据批准的项目建议书组织编报项目可行性研究报告、初步设计和施工图设计	编制可研报告，提供多方案技术经济比较；编制初步设计和概算书，配合通过审批；编制施工图设计
报建	协助办理规划许可、施工许可等有关手续	办理规划、用地、拆迁、施工、环保、消防、人防、园林、市政等有关报批手续	为办理规划许可、施工许可等有关手续提供咨询成果文件、勘察设计文件和其他资料文件
招标采购	监督项目勘察、设计、施工、监理及设备材料采购的招标工作	依法组织开展项目勘察、设计、施工、监理及设备材料采购招标，负责工程合同的洽谈与签订，并将招标投标情况、签订的合同报发展改革、财政和相关行业管理部门备案	为建设单位提供勘察、设计、施工、监理及设备材料采购的招标采购咨询和招标代理、采购代理工作
投资管理	会同代建单位编制年度投资及基建支出预算计划，向发展改革部门申请项目年度投资计划；向财政部门申请年度基建支出预算及资金拨付	会同使用单位按项目进度提出年度投资计划和年度基建支出预算，并按月向发展改革、财政部门和使用单位报送工程进度及资金使用情况	为项目年度投资计划和年度基建支出预算提供造价咨询成果文件
	筹措自筹资金	编制工程结算表及竣工财务决算报财政部门审批，并按照批准的资产价值向使用单位办理资产交付手续	审核承包单位的结算书，为工程结算表提供造价咨询成果文件，为资产交付手续提供有关档案资料
质量进度管理	监督工程质量、施工进度及资金使用情况，参与工程验收	按照国家和省有关规定以及代建合同约定组织工程验收及办理竣工验收备案	全过程工程咨询的监理方组织预验收并提交工程竣工验收报告，参与竣工验收，为竣工验收备案提供有关咨询成果文件
信息管理		整理汇编移交项目有关资料	为建设单位提交咨询成果文件
项目管理	站在使用者的角度提出建设需求，筹措资金及时拨付，监督项目建设参与方的行为，工作方式上以监督为主	以服务项目业主（使用单位）的角度去办理有关建设手续、监督工程参与各方的行为；工作方式上以管理为主，主要是用各类管理方法和措施促进建设决策的科学化，甚至代表建设单位进行决策	全咨的项目管理从服务建设单位的角度，为推动工程建设提供集成和统筹后的"一体化咨询成果文件"，为科学决策成果优化和多方案对比上提供管理咨询，接受建设单位的监督，工作方式上以统筹技术咨询、技术服务为主

论全过程工程咨询服务"项目管理+工程监理"的"基础+核心"作用

金振泽

深圳市深水兆业工程顾问有限公司

摘　要：自全过程工程咨询服务模式推行以来，全国各省市地区已经开始试点，经过四余年的试行推广该服务模式，至今对全过程工程咨询服务模式及试行情况进行专篇、系统梳理和经验总结的文章仍然较少。自2017年以来，根据国家及广东省推行全过程咨询服务的文件精神，各咨询企业开始业务转型升级，根据四余年的全过程工程咨询服务业务推行，在该类型服务项目的实际发展情况作为依据的情况下，对全过程工程咨询试行、推广、当下现状和下一步发展走向进行分析、预判和总结，以利于全过程工程咨询服务模式在企业发展战略及转型升级的趋势下得到进一步的提升和实施性的强化。

一、全过程工程咨询服务发展现状分析

（一）全咨服务模式发展历程

2017 年 2 月《国务院办公厅关于促进建筑业持续健康发展的意见》（国办发〔2017〕19 号）文件颁布后，全国各地均有工程咨询服务企业响应，开始了全过程工程咨询服务的起步探索，在《住房城乡建设部关于开展全过程工程咨询试点工作的通知》（建市〔2017〕101 号）和《国家发展改革委 住房城乡建设部关于推进全过程工程咨询服务发展的指导意见》（发改投资规〔2019〕515 号）发布的推动下，全过程咨询服务开始了至今四余年的推行实践历程。

2017 年 2 月至 2021 年 12 月 9 日，经历了四年零十个月，经历了两年的试行阶段，两年多的推广、实践期。

全过程工程咨询服务（以下简称"全咨"）自模式概念的产生、全国各地区试点、试点名录颁布，直到各地进行全咨服务模式的宣贯、全咨试点项目的落地实践，现阶段理应进入该模式推广实践后总结经验得失、政策导引、配套法律法规的建立健全，以及示范区和成功模式例案引路阶段。通过研究总结，全咨模式实施情况较好的应属深圳市部分政府投资项目，通过全咨模式实践后反思、总结、提升工程咨询服务水平；深入创新招标委托模式、项目管理模式和相关配套法律法规保障的研讨。

（二）全咨项目中咨询业务高频需求分析

通过公司承接的诸项咨询业务进行分析，项目管理、工程监理、全过程造价咨询三项咨询业务需求频次最高，除此之外依次为勘察设计管理和招标采购管理（二者需求频次较接近）。这反映了以下四方面的问题：

1. 大多数发包人较为倾向于全过程项目管理＋工程监理＋全过程造价咨询或三项业务两两组合模式。

2. 一部分发包人采用将工程勘察设计与全过程项目管理＋工程监理＋全过程造价咨询三类咨询业务组合模式。

3. 上述业务需求高频分析证实了公司试点全咨服务之初提出并一直坚持的

"一基础＋一核心＋其他专项（其他专项≥0）"公式适用于公司全咨项目实践，即一基础表示全咨必须坚持以项目管理作为服务基础，没有项目管理服务作为基础的全咨不能成为真正意义上的全咨服务；除项目管理外，还必须包括工程监理、设计管理、全过程造价咨询等咨询业务中至少一项作为核心服务；在基础和核心服务之外的其他类别的专项咨询服务可以为不存在。

4. 在各项咨询业务中工程监理的需求名列前茅，说明在全咨服务市场需求中，具有工程综合性监理资质的工程咨询单位是全咨服务的主力军，这种现象预判今后发展中将会有一个持续阶段。当下，深圳市全咨服务市场中其较大型和超大型政府投资项目的全咨服务实践平台上，汇聚了很多一流且具有监理资质的咨询企业，且有趋于占有全咨服务市场份额八成以上的现象充分支持了上述观点。

二、全咨服务模式发展趋势预判

（一）"项目管理＋其他咨询服务"模式是必然趋势

关于全咨服务模式的发展走向，在企业服务模式转型与实践过程中始终持乐观态度。全咨是一个工程全生命周期的服务体系，有诸多的问题需要继续深入的研究探讨，当前最为首要、最为紧急的是全咨服务的模式问题，其中基础也应为全过程项目管理加上其他咨询业务。"项目管理＋其他咨询服务"模式的根本思想是全咨服务必须以委托全过程项目管理为基础服务，加上其他若干项专项咨询服务（工程勘察、设计管理、

工程监理、全过程造价咨询等）才称得上具有实际意义的全咨服务。

全咨招标时如采用"发包人自管"模式而不委托项目管理作为基础服务，仅是对其他专项咨询服务，则不应归为全咨服务招标，这是决定全咨服务发展走向的重大问题。

全咨服务本质上一是要变"项目发包人自管"为"委托项目管理"（其可理解为在为若干年来项目管理或工程监理没有得到应有的健康成长和发展来进行补救和矫正），二是要让中标的咨询单位尽可能在其资质范围内承担更多的咨询服务，既可以减少发包人的管理协调界面并使项目各建设信息链条保持畅续，更为重要且积极的目的是倒逼咨询单位具备综合咨询能力和市场竞争力。

（二）湾区领跑 打造可复制样板

以全咨试点深圳市为代表的全过程工程咨询先行者，先行先试，在汇集诸多全咨项目案例总结的基础上，2020年10月15日中国建筑业协会发布了团体标准《全过程工程咨询服务管理标准》T/CCIAT 0024—2020。

深圳市住房和城乡建设局随后响应中国建筑业协会团体标准并于2020年12月10日发布了《深圳市推进全过程工程咨询服务发展的实施意见》及配套文件《深圳市推进全过程工程咨询服务导则》《深圳市建设工程全过程工程咨询服务合同示范文本》《深圳市推进全过程工程咨询招标文件示范文本》等征求意见稿。《深圳市推进全过程工程咨询服务发展的实施意见》中相关规定指出："发包人应积极采用'以项目管理服务为基础，其他各专业咨询服务内容相组合'的全过程工程咨询模式并应充分认识到在建设项目中项目管理服务起到的统筹

和协调作用"。该实施意见的配套文件中提出："全咨服务应采用'1+N'模式，项目管理为基础"。

中国建筑业协会《全过程工程咨询服务管理标准》T/CCIAT 0024—2020中规定："全咨服务模式宜采用'1+N+X'模式，项目管理即为基础"。

三、全咨服务拓展模式分析

（一）拓展模式分析

从本文上述分析，可归纳为以下三个方面：

1. 项目管理为全过程工程咨询服务的基本内容和基础服务。

2. 工程监理是全咨模式推行发展历程中各咨询服务组合中出现最高频次的业务类型。

3. 以先行示范区深圳为代表和标志地域，全过程工程咨询服务项目招标和实践大量采用"项目管理＋工程监理"（简称"管＋监"）委托模式。

（二）拓展模式提出

基于上述分析和归纳，提出后续全咨服务的拓展模式，即原"项目管理＋工程监理"模式的内在主旨发生变化，项目管理不再仅仅指代单纯的项目管理，而是扩充主旨，表示"项目管理＋工程监理"，"项目管理＋工程监理"模式升级表达为"管＋监+X"或"管监+X"模式，后面的"+X"表示除了项目管理和工程监理以外的其他咨询业务。

"管监+"模式之所以可以成为未来拓展模式，除上述原因外，还有以下四方面的依据：

1. 工程项目建设管理制度中工程监理属国家强制推行，大、中型项目且属于政府投资类的全咨项目，按照规定必

须实行工程监理制。

2.发包人项目管理与工程监理存在不可分割的联系。我国引进监理制度的初衷是将项目管理模式引入国内实施。首先，从发包人项目建设管理和委托合同的角度说，监理工作其实也是施工阶段项目管理工作包含了监理工作。两个工作具有代表发包人在建设现场进行管理协调的共同特征，只不过职责分工不同，对于管理重点不同，项目管理的工作范围、内容比工程监理更为广泛。

3.目前，全咨服务中项目管理的取费依据仍然为《基本建设项目建设成本管理规定》（财建〔2016〕504号）文，该取费标准多年来已被大量项目实践证明取费过低，满足不了全过程项目管理服务的成本费用支出，同时也严重挫伤了工程咨询行业参与项目管理和全过程工程咨询服务，应用"管监+"模式或可稍微解决现阶段项目管理服务取费偏低问题。

为解决此问题，深圳市出台了《全过程项目管理服务取费指导意见》，该意见将项目管理取费费率提高至3%。但新的取费标准并未得到实际有效的执行。因此，现实情况下采用拓展的"管监+"模式，项目管理按照504号文、监理参照670号文（《建设工程监理与相关服务收费管理规定》）取费，可用监理酬金费用补偿项目管理服务的支出亏损。

4.现阶段全咨服务深圳市场上具有监理资质的咨询企业已成为全咨服务的核心力量，全咨的"项目管理+工程监理"模式业已成为深圳全咨市场主要需求的服务模式，因此，采用"管监+"拓展模式后，顺应了当前深圳市全咨发展的以项目管理为基础，以监理为核心的大趋势，也提高了监理企业升级转型的积极性。

结语

综上，项目管理是全咨服务的基础和灵魂，统筹和协调工作在项目建设全生命周期中具有不可替代的作用，不管咨询业务以何种组合方式进行，但是没有项目管理为基础、没有工程监理为核心的工程建设服务都不能成为实际意义上的全咨服务。

通过上述现状分析和对未来发展走向、拓展模式预判，坚信监理企业必然会成为在全咨服务中的核心，引领工程咨询服务行业走向健康轨道，向着光明的未来快速发展和挺进。

弘扬塞罕坝精神　助力冬奥会建设

——承德城建工程项目管理有限公司全过程工程咨询经验介绍

焦佳琪　张　勖

承德城建工程项目管理有限公司

摘　要：本文以河北承德塞罕坝国家冰上项目训练中心工程为实例，介绍了承德城建工程项目管理有限公司在这一功能特殊、质量进度压力大的备训奥运的国家重点工程中，开展全过程工程咨询业务，从管理和技术两个层面，做好全过程工程咨询的统筹管理和项目协同，充分发挥监理作用，柔性管理与刚性监督结合，刚柔并济的工作经验，为业主提供确保工期、质量、安全和节省投资的增值咨询服务，项目荣获"国家钢结构金奖"和"长城杯"省优工程，业主对全过程咨询服务予以高度赞扬并赠送锦旗。

关键词：全过程工程咨询；统筹管理；增质增效

一、企业全过程工程咨询业务的发展

承德城建工程项目管理有限公司成立于 1999 年，2004 年由事业单位改制，经过 22 年的发展，现成为集工程监理、项目管理、造价咨询、工程咨询、招标代理、工程设计、全过程工程咨询七大业务板块于一体，拥有工程监理综合资质、人防工程监理甲级、工程造价咨询甲级、建筑工程和市政公用工程咨询双甲级、公路工程咨询乙级和市政工程设计等多项业务资质的综合性工程监理咨询企业。曾获得国家建设行业最高荣誉"鲁班奖""国优奖"和"全国先进工程监理企业"殊荣。

20 多年来，公司从监理业务出发，不断向其上、下游业务延伸，向全过程工程咨询业务转型升级。早在 2007 年，公司果断决策启动项目管理业务，成为承德市第一家开展项目管理业务的企业。公司以项目管理为核心，通过开展工程监理、招标代理、工程咨询、造价咨询、工程设计和全过程咨询等一系列业务，摆脱单一的监理服务模式，大踏步走上了转型升级之路。

项目管理至今已承接近百项业务，覆盖了从建设项目立项到项目最终结算审计的全过程。正是得益于公司 15 年来开展项目管理业务的积淀和多项业务的蓬勃发展，厚积薄发，七大业务板块共同发力，在国家发改委、住房城乡建设部发布的《关于推进全过程工程咨询服务发展的指导意见》（发改投资规〔2019〕515 号）文件颁布后，公司全过程工程咨询业务在政策机遇面前，得到了较快的发展，先后承接了承德石油高等专科学校实训中心，双滦公交枢纽，承德市天然气改造工程一、二期等十几项全过程工程咨询项目，取得了市场的认可和较好的社会信誉。下面就公司在河北承德塞罕坝国家冰上训练中心项目开展全过程工程咨询工作经验做介绍。

二、攻坚克难 为冬奥备训建设筑基

2017 年以来，习近平总书记先后两次到河北省塞罕坝考察，号召深入学习"牢记使命、艰苦创业、绿色发展"的塞罕坝精神。公司中标的"项目管理＋工程监理"模式全过程工程咨询业务——河北承德塞罕坝国家冰上项目训练中心工程，就是秉承塞罕坝精神，以"低碳、绿色、安全"环保理念为核心，作为备战 2022 年北京冬奥会的专属训练场地。该工程为设计、采购、施工一体化的 EPC 项目，总投资 2.5 亿元，总占地 62 亩，总建筑面积 24000m²、主场馆长 237m、宽 90m、高 15m，最大跨度 79.7m，冰面总面积 13338m^2，拥有"四个第一"之称：全国第一个亚高原冰上项目训练馆、全国第一个集速度滑冰、短道速滑、花样滑冰、冰壶项目训练比赛功能为一体的"四合一"冰上运动综合体、亚洲第一大全冰面二氧化碳制冷的场馆、全国第一个在深度贫困地区建设的冰上项目场馆。项目自开工便受到社会广泛关注，中央电视台、新华社、河北卫视、北京日报等多家媒体进行了报道。

全过程工程咨询项目部进场后，首先对项目的重点与难点进行分析，一致认识到：

1. 本项目由于是冬奥会训练场馆，受到国家、省、市各级领导高度重视，多次实地调研、指导、协调基地建设各项工作，这一仗必须打胜。

2. 本项目合同工期仅 196 天（包含设计周期），只有相同项目工期的 50%。并且按照国家体育总局冬运中心要求 12 月底前必须投入使用，否则项目作废，工期压力巨大。

3. 工作环境艰苦，本项目处于亚高原、高寒地区，昼夜温差大，夏季最高气温达到零上 30℃，而冬季则接近零下 40℃，年施工期只有四个月左右，有效施工周期短暂。

4. 本工程列为国家重点项目，其功能特殊、工艺复杂、质量要求高，必须达到国际比赛场馆标准。如此短的工期，如此高的质量要求，要想完成其难度可想而知。

5. 项目资金到位不足，施工款不能严格按照实施进度进行支付，加大了对项目整体管控的难度。

针对以上难点和重点，项目部全体人员发扬塞罕坝精神，不怕工作环境艰苦，顶酷暑、冒严寒，在工期紧、质量标准高、工艺复杂等困难面前，充分发

挥全过程工程咨询的优势，解决了一个又一个难题，从管理和技术两个层面为业主提供了增值服务。

三、统筹管理 强化监理提质增效

在管理层面上，充分发挥全过程工程咨询的统筹作用，尤其是在协调工期与质量矛盾的突出问题上，使参建各方为实现总体工作目标，团结一致，尽职尽责，尤其是充分发挥监理作用，使项目管理的"柔性管理"与工程监理的"刚性监督"相结合，刚柔并济，大大提高了全过程工程咨询的工作力度，充分体现出了全过程工程咨询的执行力和项目的协同性，使全过程工程咨询在这个特殊项目上发挥出了 1+1>2 的增值效应。

全过程工程咨询最主要的工作目标，是为业主提高投资效益、工程建设质量、安全和建设速度。公司始终以业主的需求为导向，"把业主的项目当成自己的项目来做"的服务理念已深入人心，为业主提供最急需、最渴望的咨询服务，这是公司能够在全过程工程咨询高端市场上站稳脚跟的前提。

在本项目中，能否按期完成交付使用，是建设单位最为关心的问题。为应对工期压力，公司专门安排了具有丰富进度管理经验专家进驻现场，充分分析影响工期的人、机、料、法、环等制约因素，对进口设备订货、材料进场、劳动力安排、工序穿插搭接等各个环节提前进行沟通，提前制定预案。倒排工期、挂图作战，实际进度与总进度计划、月和周进度计划进行对比分析，对存在交叉作业、进度滞后的工序，分析滞后原因，提出解决方案和措施。并且采取"加压管理"，一天一计量、一天一汇报、

三天一例会的方式，督促各参建单位进度计划落实，发现进度滞后苗头，及时协调，及时解决，大大加快了决策效率，保障了工期。

压缩工期，决不能以牺牲工程质量为代价。为平衡好二者的关系，项目管理重点抓进度统筹，而质量和安全控制，监理要冲在第一线。他们发扬企业倡导的"一丝不苟的工匠精神，弘扬追求卓越、铸就经典的国优精神"严格执行公司提出的"七个一"和"四要求"具有企业特色的监理工作标准。"七个一"，指的是学好每一张图纸，审好每一个方案，管好每一种原材，把好每一道工序，记好每一页记录，开好每一次例会，写好每一份监理文件，"四要求"指拿图验收百分百，标高位置亲自量，严控商混水灰比，旁站监理不缺项。这是公司为达到精细化管理对每一名现场监理人员提出的"规定动作"，保证了在远离公司本部的分散状态下，仍然保持工作程序和标准的一致性。

严把监理的签字权和法定职权，并将其作为全过程工程咨询工作落实的有效措施和抓手。针对工程施工中出现的质量、安全问题及施工管理不到位等情况，通过监理向施工单位下指令，施加压力，采取加强巡视旁站、加大检查力度，加强事前控制，主动控制，积极提出合理化建议等措施，使各项工作能够执行到位。在主要施工节点和特殊工艺实施过程中，监理对质量严格把关，如同工程的"卫士"。比如在主体网架顶升作业中，全体监理部人员全部旁站，分工协作，有测量顶升架垂直度的，有测量顶升高度的，确保顶升作业按专家论证方案有效实施。在制冰工程的冷冻管施工作业中，暖通监理人员不间断巡视检查，发现电缆防火性能和管材壁厚不

符合要求等问题，监督退场并及时调换，把工程质量问题消灭在萌芽状态，严格控制进场材料质量。

冰上训练中心在制冰工程中采用二氧化碳跨临界直冷制冰技术，具有绿色环保、易获取、温度控制准、冰面质量优、制冰效率高等多种优势。为保证工程质量，全咨人员认真审查施工方案、质量安全技术措施、安全生产管理制度及施工组织机构和人员资格。严格控制工序质量，及时发现存在的施工缺陷，和参建各方协调沟通，找出缺陷原因监督整改。例如在C35F200抗冻钢筋混凝土层施工过程中，内置冷冻管为d25304L和d20304L加厚镀锌钢管，整个冰面区域排布d25、d20镀锌加厚钢管长达150km，氩弧焊焊口约13000个，全部制冷管路对焊口工艺要求非常高，不允许有一点泄漏，对技术操作工人是一个严峻的考验。为保证工程质量，避免出现不必要的返工而影响工期现象，全过程工程咨询人员与监理人员一道，严格按照规范和方案进行逐项排查。为保证工期，通常是白天排管、焊口施焊，晚上探伤检测。为此，全咨人员不分昼夜跟班作业，完成一处，验收一处，现场各种会议都尽量安排在晚上下班后进行，减少占用管理人员正常工作时间。最终13000多个冷冻管焊口完成探伤检测100%合格，150km的管道压力试验一次合格，从而既保证了工程质量，又避免浪费时间，确保工期实现。

四、技术咨询 为确保工期质量赋能

全过程工程咨询是高端的咨询服务，不仅要会管理，还要在技术上过硬，真正体现"专业的人做专业的事"。公司在从事监理咨询业务十多年来，培养锻炼出一支技术精湛、作风过硬的专家团队，成为公司开展全咨业务，开拓全咨市场的坚强后盾。本工程的全过程咨询项目部与公司专家团队一起，并肩作战，提建议、定方案，从技术层面上，确保工程进度和质量。

例如对整体项目找出质量安全的薄弱点及危险源，对工艺复杂烦琐、质量要求严格的工序以及工艺进行分析研讨，对有专业技术措施要求的项目，组织专家评审，针对坝上特殊的地域环境、气候条件等影响质量问题，提出了许多有价值的咨询意见。在审批施工方案的过程中，全咨人员发现工程关键线路上的制冰管道安装方案使用冷媒管，标准尺寸为8m，接口多，焊接量大，施工周期较长，难以满足工程项目时间紧、任务重的要求。为此，现场全咨人员经过认真研究，在公司专家团队的大力支持下，提出代替方案，经过多次内部专家论证和比选，在充分考虑材料性能、工艺安排、质量标准、进度要求、造价限价等多方面因素，并经多方考察后，建议采用50m长的盘管，经与厂家沟通采用现场调直工艺的方案，在能够满足使用要求的前提下，将焊口数量及泄漏风险降低73%。焊口数量的减少，既降低了施工难度，提高了检查验收通过率，又压缩施工时间，从而实现工程质量与进度的平衡。

本项目屋面结构采用正放四角锥双层钢网架结构，东西长234m，南北宽81m，水平投影面积18954m²，网架最大跨度79.7m，工程单位重量1339.4t（不含马道及机电安装方面），由2006颗螺栓球、8158根杆件组成。根据《危险性较大的分部分项工程安全管理规程》（住房和城乡建设部第37号令），该工程属于危险性较大的分部分项工程。全咨

项目部与参建各方进行深入研讨，提出将原网架拼装工艺变更为整体顶升工艺，采用地面原位拼装、整体一次顶升施工方案，在地面完成网架拼装后，由54个顶升点通过电脑微控协同，将整体网架顶升到既定标高，最后完成周围的补杆工作。网架拼装在地面进行，施工检测更加便利，验收更加快捷，使得屋面网架整体质量加强，进度加快。方案的难点在于网架整体顶升增大了工艺难度和风险，现场全咨人员认真审核提升方案，及时组织方案的专家论证，在具体实施中全过程跟踪检查，最终近2万m²的双层钢网架屋面一次顶升成功，与常规施工做法相比，提前工期1个多月，为按期完工做出了重大贡献。

五、精诚所至 全过程咨询结硕果

本项目在全过程工程咨询团队和参建各方的艰辛努力下，工期、质量、投资、安全四大目标全部得以实现。2020年12月29日，工程按期交付使用，保证了冬奥备赛运动员按时开训；工程投资有效地控制在国家概算指标要求范围内，达到建设单位要求的投资管理目标；项目施工全过程中，未发生一件安全事故，安全目标得到保证；工程质量取得了优异成绩，荣获"中国钢结构金奖"和"北京市结构长城杯"。全过程工程咨询项目部也获得了业主赠送的"优秀的管理团队，信得过的合作单位"锦旗。向业主交上了一份满意的答卷，为冬奥会筑基赋能做出了我们应有的贡献。

在向全过程工程咨询转型升级中，公司确实感受到高端咨询服务的优势，是原有单一监理业务模式无法企及的，是未来监理咨询行业持续健康发展的大方向。

电网工程全过程工程咨询建设模式试点实践与探索

曹文艳　　李康华　　欧镜锋

广东诚誉工程咨询监理有限公司

摘　要：本文通过介绍某电网工程全过程咨询试点实践情况，探索项目推进过程中的重点、难点，采取的管理举措，以及形成的管理效果，提出改进方向，为全面推行输变电工程全过程工程咨询建设模式提供参考。

关键词：电网工程；全过程工程咨询；建设模式

引言

全过程工程咨询是国家供给侧结构性改革的重要手段，是工程建设行业转型升级的重要方向和途径。为响应国家进一步深化改革的需要，有效优化输变电工程的建设管理工作，进一步提升整体建设水平，根据广东电网公司对电网基建工程开展全过程工程咨询试点的工作要求，东莞供电局决定以220kV伯治输变电工程为全过程工程咨询管理模式试点项目，实现基建管理减负增效的突破和电网高质量发展目标。

一、试点项目概况

（一）工程概况

220kV伯治输变电工程动态总投资约5.8682亿元，分为三个施工标段，由三家施工单位负责施工，其中

标段一（莞输施工）：含伯治变电站、220kV架空线路13.9km、110kV架空线路3.14km及部分110kV电缆线路。标段二（运峰施工）：220kV架空线路13.4km。标段三（能洋施工）：含110kV架空线路3.29km及新建电缆隧道工程1.163km。

工程总体目标是确保工程不发生安全和质量事故，建设质量达到"中国安装之星"水平，实现工期和造价控制目标。做到工程规范达标、绿色可靠、文档齐全、无重大质量缺陷。工程建设的质量和管理水平均达到行业和国内一流水平。

（二）工程进展情况

1. 变电站工程：2020年3月2日正式开工，于2021年1月17日投产。

2. 配套线路工程

1）220kV伯治至水乡线路工程，于2021年1月16日投产。

2）110kV伯治至华南线路工程，于2021年1月24日投产；110kV进太甲华线改造工程计划2021年3月初投产；解口110kV玖麻甲乙线工程计划2021年5月底投产；220kV伯治至进浦双回路线路工程计划2021年5月底投产。

（三）全过程咨询服务内容

中国电力建设企业协会发布的《输变电建设项目全过程工程咨询导则》T/CEPCA 001—2017指出，咨询项目业务范围主要包括项目管理、项目监理、招标代理、勘察设计、造价咨询等。全过程工程咨询服务组合可概括为"1+N"的内容公式。其中，"1"为全过程项目管理；"N"为其他专项业务。东莞220kV伯治输变电工程试点项目实行"1+3"（项目管理＋项目监理、BIM技术咨询、智慧工地建设）菜单模式。

1. 项目管理服务范围：按照工作范围从项目前期服务开始，包括项目全生

命周期的策划管理、报建报批、勘察管理、设计管理、合同管理、投资管理、创优管理、施工组织管理、参建单位管理、验收管理，以及质量、计划、安全、信息、沟通、风险、人力资源、技术、档案等管理与协调。

2. 监理服务范围：施工准备（含三通一平）、施工（含通信）、竣工结算、缺陷责任期、电子化移交的全过程监理。按照建设单位要求使用工程信息管理系统。

3. BIM 技术咨询服务范围：建立全专业 BIM 模型，形成全专业工程模型（不含电气二次）及电力工程族库；对模型进行碰撞检查，形成碰撞问题视点定位模型并生成碰撞报告；对模型进行管线综合优化，生成图纸问题报告，确保不出现专业冲突问题；制作场地漫游展示动画；开展工程虚拟建造工作，结合进度计划制作 4D 进度模拟；对施工过程中的复杂施工、中风险及以上作业工序进行模拟，并给施工人员进行技术和安全交底；对一次电缆进行优化排布，制作一次电缆排布模型。

4. 智慧工地服务范围：根据《广东电网有限责任公司智慧工地推广应用方案》，依托云计算、大数据、物联网、移动互联网、人工智能等智能技术应用，围绕施工现场"人、机、料、环"基本要素，开展变电站智慧工地建设。

二、工作举措

（一）根据业主项目部管理指引，按照模块配置专业咨询人员，成立全过程咨询项目组织机构。根据业主项目部的授权，代表业主开展工程全过程项目管理工作（图1）。

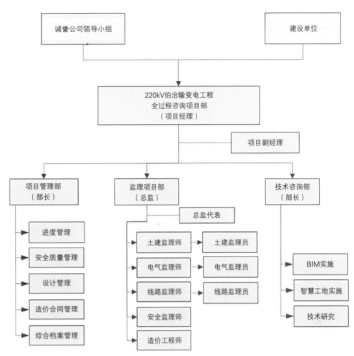

图1　220kV伯治输变电工程全过程咨询项目部组织机构图

（二）明确与建设单位业主项目部工作界面划分，优化工作流程。工程开工前根据东莞局基建部和项目管理中心要求，诚誉公司编制了《220kV 伯治输变电工程全过程项目管理工作指引》，明确了与业主项目部管理工作界面划分。通过组建公司、项目部两级机构，职能部门、专家团队多重技术支持、后勤保障的组织机构，以确保全过程工程咨询服务和监理服务工作的顺利开展，4人常驻局办公，按职责分工负责伯治输变电工程的设计、进度、协调、合法合规性文件办理等项目管理咨询服务。咨询项目部在建设单位授权下，履行相应的职责，业主项目部审批职责由原来88项，减少到13项。

（三）通过BIM技术、智慧工地等科技手段，提升进度、安全和质量管控成效。在全过程咨询模式下，在减少业主项目部总体人数的基础上，咨询项目部增加安全质量核心人员的数量以实现业主项目部减员增效，进一步强化了安全质量管理。

（四）开展分阶段结算，精益投资。按照分阶段结算工作安排，全过程咨询项目部结合施工图设计进度，按合同计量原则及时组织核算施工图纸工程量，为工程进度款支付、签证管理提供可靠的参考依据和数据支撑，有效缩短了结算审核时间，提高了结算审核效率（表1）。

三、试点成效

（一）专业分工细化，提升管理效率

1. 传统业主项目部管理模式

虽然也按模块配置人员，但因负责项目多，业主项目部在实际执行过程中，项目部成员往往身兼多职，且大部分人员现场项目管理经验不足，难以对整个

节点阶段审核表　　　　　　　　　　　　　　表1

项目阶段	序号	节点名称	业主项目部	全过程咨询项目部						
				项目经理	项目管理部长	进度管理咨询师	技术管理咨询师	安全质量管理咨询师	合同造价管理咨询师	综合档案管理员
1.建设准备阶段	1	办理施工合同支付款	▲	○	○				●	
	2	配合办理、协调征地、拆迁、青赔等工作	▲	○		●				
	3	申请、成立安委会	▲	○				●		
	4	工程项目质量监督申报	▲	○				●		
	5	编制、报送项目年度停电计划	▲	○		●				
2.建设实施阶段	6	上报项目年度、月度资金使用计划	▲	○	○				●	
	7	电网建设项目档案中间检查	▲	○						●
	8	设计变更及执行	▲	○	○		●			
	9	项目合同变更记录	▲	○					●	
3.启动验收和投产移交阶段	10	启动方案报批	▲	○				●		
4.项目收尾阶段	11	工程竣工结算	▲	○	●				●	
	12	建设项目总结算报告编制及上报	▲	○					●	
	13	工程造价分析	▲	○					●	

● 主要　　○ 审核　　▲ 审核　　△ 备案

项目建设涉及的电气一次、电气二次、通信、继保、消防、暖通、建筑、结构等各专业有系统全面的认识，造成管理不够全面、深入，管理效率不高的局面。

2. 全过程咨询管理模式

按照专业化分工管理，可以大幅度减少业主日常管理工作和人力资源投入，解决业主项目部结构性缺员和专业能力不足问题，同时全过程咨询人员具有较丰富的现场项目管理经验，与设计、施工、监理等参建方的沟通更加深入、顺畅，提升了解决问题的效率，有效实现基建管理减负增效。

（二）全过程造价管理，节约投资成本

传统业主项目部管理模式：对项目缺乏通盘考虑，建设过程中的诸多问题常在建设后期才暴露，而那时再弥补就可能花费巨大，甚至无法弥补，造成不可挽回的损失。例如，有些专业设计介入项目过晚，主体设计内容已基本建设完成，此时再大幅度返工已不可能，迫使业主退而求其次，造成遗憾。

全过程咨询管理模式：对项目统一管控，咨询服务覆盖建设全过程，对各阶段工作进行系统整合，并可通过限额设计、优化设计、BIM 全过程咨询、精细化全过程管理等多种手段降低"三超"风险，进而节省投资，提升投资效益；通过开展分阶段结算，严格落实造价全过程管控，加大工程各阶段造价审查力度，及时督促设计单位更新设计变更台账，实现造价闭环管理，突破档案和结算的延后性，推动分阶段同步档案和结

算，工程档案、工程结算与工程进度基本同步，将同步率提高至 90% 以上。

（三）专业资源整合，提高服务质量

1. 传统业主项目部管理模式

专业单一、整合资源能力不足，考虑问题不够全面，容易出现管理疏漏，对关键点的风险预控不足。

2. 全过程咨询管理模式

人员专业配套齐全，能有效串联物资、设计和施工 3 个环节，解决设备采购进度与设计需求不对等的问题，优化过于保守的设计，充分考虑施工便利性，以减少后续返工和变更，减少质量、进度和投资风险，实现对项目的整体工程造价实施动态的、事先的、主动的投资控制。弥补了单一服务模式下可能出现的管理疏漏和缺陷，各专业工程实现无缝链接，从而提高服务质量和项目品质。

（四）应用科技创新，有效规避风险

1. 传统业主项目部管理模式

在五方主体责任制和住房城乡建设部工程质量安全三年提升行动背景下，建设单位承担安全质量责任风险加大。

2. 全过程咨询管理模式

咨询单位作为项目的主要参与方和负责方，势必发挥全过程管理优势，通过智慧工地和 BIM 技术等科技创新手段，强化安全质量管控可减少生产安全事故发生，从而较大程度降低或规避建设单位主体责任风险。同时，可有效避免因众多管理关系伴生的廉洁风险，有利于规范建筑市场秩序，减少违法、违规的行为。

四、改进方向

（一）咨询单位与建设单位的工作界面需进一步在实践中完善

本项目编制了《全过程咨询工作指

引》，基本梳理了咨询机构与建设单位项目管理工作界面对接关系，但涉及青赔费用谈判、工程设计变更等事宜，如属地青赔协调工作的开展，全过程咨询单位只能起到组织协调、收集与反馈信息、提供建议与意见的作用，不能代替建设单位进行决策。

（二）全过程工程咨询标准体系及咨询氛围不够成熟

目前缺乏推广全过程工程咨询的标准体系基础，且配套的标准化建设流程、资料模板及归档要求、合同文本、取费标准、技经及财务流程等尚无正式文件。与此同时，因全过程咨询管理制度还不完善，在对外协调中遇到来自地方政府部门的阻力。相关政府部门与部分业主、施工及设计人员对全过程工程咨询的认识不足，仍然将"咨询"等同于"监理"。结合输变电工程特点和试点实践情况，建议行业协会加快出台输变电工程全过程工程咨询配套标准和细则。

（三）需进一步完善项目管理咨询服务收费标准及支付方式

现时的各项咨询费用大多采用单项咨询服务分别计费，即根据咨询服务委托内容，依据收费标准分别计算各项咨询服务费后叠加计费，各种费用的支付方式、何时支付未有成熟做法。"1+N"收费包含的项目管理费、招标费、设备监理、造价咨询费等取费标准和支付方式需进一步完善。

（四）需进一步加强人才队伍建设和利用信息智能化咨询

全过程工程咨询本质是一种智力服务，其核心竞争力在于人才队伍和智能化咨询。一方面，要把培养、储备具有较强综合管理能力的高质量咨询服务专业人才作为一项立足当下、服务未来的公司级战略，在全过程工程咨询服务过程中有意识地融入人才培养措施，给更多咨询人员提供自我成长和积累的实践平台。另一方面，要更加全面、广泛、有针对性地推进智慧咨询战略，加大自主开发和创新力度，将"互联网＋"、BIM技术、大数据等智能化手段充分融入各个咨询服务环节中，从而达到提质增效的目的。

结论

全过程工程咨询是国家宏观政策的导向，更是行业发展不可阻挡的趋势。虽然目前还未被市场完全了解和接受，相信在不久的将来，随着市场的逐渐成熟，国家政策的逐渐完善，一定会有美好的前景。

面对改革和转型的大趋势，公司做得还远远不够，欢迎各位行业同仁提出宝贵的意见，也希望在以后的发展中与各位互相交流，取长补短，共同发展，让我们携手并进共创美好的未来。

通过推行全过程咨询管理（含监理）模式，可为业主单位提供强大的项目决策支撑与专业的咨询管理服务，能显著改善提高项目管理水平。

据悉，南方电网有限公司已逐步在基建工程项目普及采用全过程咨询招标，未来该管理模式将具有更大的发展空间，建议可进一步推广应用。

体育场馆信息化建设及应用

陈 辉

陕西中基项目管理有限公司

摘 要： 随着国家体育事业的蓬勃发展，为广大人民群众普及体育运动，全国各地都在建造各种类型的体育场馆，这些场馆也成为人民群众健身娱乐的主要活动场所。体育场馆作为举办体育赛事的场地，需要利用信息化技术协助场馆管理人员做好各项运动会的体育比赛和场馆运营，实现体育场馆资源和信息共享，提高场馆设施利用率；体育场馆的信息化建设为运动会的顺利举办提供必要的信息基础。

关键词： 体育场馆；信息网络；信息系统

一、场馆基本情况

某体育场馆总建筑面积 34950m²，其中地上 32870m²，地下 2080m²，座位数 6457 座（其中固定座椅 4234 座、活动座椅 2124 座、无障碍席位 99 座），为单层大空间公共建筑，等级为甲级，地上 1 层，局部 3 层，地下一层为附属设备用房，独立设置。该体育场馆为举办全国运动会建设，可作为篮球、排球、手球等项目的比赛场馆。

举行全运会是一个复杂而系统的任务，涉及多个方面的内容，其中体育比赛信息化是很重要的一个方面，本文结合个人的工作来说明体育场馆信息化建设的内容。

体育场馆信息化建设，需遵循信息化建设的相关标准规范，在进行信息化系统的设计、部署和运行管理规划时要遵循如下原则：

（一）先进性和成熟性

需充分应用先进和成熟的技术，满足建设的要求。通过使用先进成熟的技术手段和标准化产品，使系统具有较高性能，符合当今技术发展方向，确保系统具有较强的生命力和长期的使用价值。

（二）互通性和兼容性

信息化整体架构、各平台之间、平台与前端资源 / 用户终端之间能够有效地进行通信和数据共享，能够实现不同厂商、不同规格的设备或系统间的兼容操作。

（三）实用性

结合实际需求情况，根据环境条件、业务需求、投资规模、维护保养等因素统筹考虑，在满足业务工作实际需求、有效提高工作效率的基础上，合理规划网络结构，选用性价比高的主流设备和系统，满足可持续发展的要求。

（四）规范性

信息化建设应符合有关标准、规范及使用管理的要求。系统控制协议、接口协议、传输协议、视频编解码方式、视频文件格式等应符合现行的国家及行业标准、规范。

（五）安全性

全面考虑系统的安全性，建立一整套有效安全的保障体系，确保信息的存储管理及服务符合相关保密法规和政策。

（六）可靠性

采用成熟、稳定和通用的技术与设

备，关键设备应有备份、冗余措施，系统软件应有备份和维护保障能力，能够保证系统长期稳定运行，有较强的容错和系统恢复能力。

（七）易维护性

系统必须易于维护，在系统建设过程中的每个环节，都必须遵循有关国际、国家和行业标准。系统应充分考虑管理权限的分级授权，简化维护管理功能的设计，充分发挥各级部门的自我维护。

（八）可管理性

系统内的设备、网络、用户、性能和安全应能够并便于管理和配置。

（九）经济性

在保证符合标准规范、满足使用管理需求的前提下，充分考虑设备的性价比，综合优化一次性购置安装成本和长期运行维护成本。采用经济实用的技术和设备，充分利用、整合现有资源。

二、信息网络建设

全运会的信息网络总体架构是以服务竞赛为核心，重点聚焦竞赛组织、赛事管理、赛事指挥、公共服务和赛后持续服务的需要，按照平台、数据、系统、集成的理念，应用 5G、大数据、云计算、人工智能等先进技术，满足竞赛场馆建设、赛事组织、赛事转播、安全保障、信息服务等方面的技术需求，为实现举办全运会目标提供强有力的技术支持和保障。

信息基础网络包括赛事互联网、竞赛专网、智能专网、Wi-Fi 网络、通信网络、综合布线等。

（一）赛事互联网

赛事互联网主要承载赛事管理和公共服务等各类应用服务，满足全运会各类参与者通过互联网获取各类信息的需求，网络建设采用双核心网络架构，在核心层采用双路由器、双防火墙、双核心交换机，在汇聚层采用双汇聚交换机，在接入层采用接入交换机实现终端接入。核心层、汇聚层采用光纤万兆连接，接入层采用六类双绞线千兆连接。赛事互联网结构如图1所示。

（二）竞赛专网

竞赛专网主要承载竞赛成绩处理、计时计分、竞赛视频、仲裁录像等竞赛专用信息服务，网络建设采用双核心网络架构，在核心层采用双路由器、双防火墙、双核心交换机，在汇聚层采用双汇聚交换机，在接入层采用接入交换机实现终端接入。核心层、汇聚层采用光纤万兆连接，接入层采用六类双绞线千兆连接。竞赛专网结构如图2所示。

（三）智能专网

智能专网主要承载电视转播及视频监控等智能化服务，网络建设采用光纤交换技术，将前端电视摄像机采集图像传输到场馆电视转播机房进行视频处理，叠加字幕和评论员声音等视频处理方式，再传输到广播电视中心发送给电视台直播。将场馆安装的视频摄像机图像通过智能专网传输到视频监控中心，纳入安全防范系统，作为场馆安全保障使用。

（四）Wi-Fi 网络

Wi-Fi 网络可为场馆赛事工作人员和公众提供高质量，稳定可靠的网络服务，在赛事互联网基础上，在场馆重要功能区和人员密集区覆盖 Wi-Fi 网络，使全运会各类参与者通过 Wi-Fi 网络获取各类信息服务，网络建设采用 AC（无线控制器）设备和 AP（无线接入点）设备，将 AC 部署在核心层，AP 连接 POE

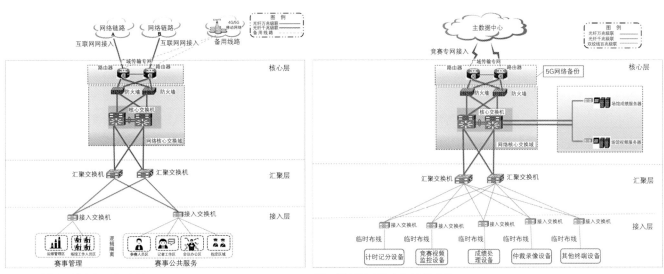

图1 场馆信息网络赛事互联网拓扑图　　　　　　　　图2 场馆信息网络竞赛专网拓扑图

交换机安装在功能房或公共区域墙面上，实现各类终端设备接入 Wi-Fi 网络从而获取互联网内容服务。

（五）通信网络

通信网络为场馆提供固定电话、移动通信、4G/5G 网络等服务，在场馆信息化建设中，协同通信运营商建设通信网络，在重要功能房及重点区域接入固定电话实现有线通信，安装通信网络设备，部署室内分布系统，实现场馆内外手机通话，并将 4G/5G 网络作为赛事网络的备份，场馆因突发原因有线网络无法通信时，应用 4G/5G 网络将重要的数据信息传输到赛事主数据中心，确保核心数据信息正常发布和赛事正常进行。

（六）综合布线

综合布线是信息和数据传输的有效平台，能实现数据、语音和视频的交换和接入，在体育场馆信息网络建设中，采用新型结构，核心层在数据中心机房，汇聚层在汇聚机房，接入层在弱电间，核心层到汇聚层、汇聚层到接入层用光纤敷设，实现万兆带宽的速率，接入层到终端点位用六类双绞线，实现千兆带宽的速率。选配适合的网络设备可满足千兆和万兆以太网等各种网络应用，在场馆功能房及竞赛区域配置足够的信息网络点位，满足全运会使用需求。场馆功能区域信息网络点位配置参考表 1。

三、信息系统应用

全运会信息系统服务于全运会的参赛主体、竞赛场馆、竞赛活动和赛事管理，从赛事管理、竞赛运行、公共服务等方面建设信息系统，主要信息系统有：

（一）赛事管理信息系统

1. 注册管理系统：实现各类人员身份鉴别和确认，提供在线报名服务，依托赛事互联网满足参与全运会人员的管理。

2. 抵离管理系统：实现代表团人员、技术官员和媒体人员抵离信息的采集与管理，为全运会接待管理提供基础信息数据。

3. 交通管理系统：依据全运会参与人员在抵离管理系统生成的用车需求任务，实现对交通任务接收、派发，车辆调度的管理。

4. 制服管理系统：实现对全运会的制服需求、制服信息、采购和库存等的管理。

5. 志愿者管理系统：实现为全运会志愿者的招募、培训、考试、岗位分配和日常管理等提供技术支撑。

（二）竞赛信息系统

1. 竞赛报名系统：实现参加全运会各代表队人员报名、报竞赛项目、数据审核、信息管理、数据统计分析等功能。

2. 成绩处理系统：以竞赛场馆为单元，提供竞赛管理、赛事编排、比赛进程控制、成绩处理、成绩发布等功能。

3. 计时计分系统：是全运会竞赛规程要求采集各单项比赛成绩相关的专用信息系统，包括计时计分数据采集处理、信息加工和处理、成绩处理和发布等功能。

4. 竞赛视频系统：依托竞赛专网提供场馆竞赛监控、仲裁录像、视频直播等竞赛有关视频服务，包括竞赛监控系统、仲裁录像系统、视频直播系统等功能。

（三）公共服务信息系统

1. 智慧票务系统：为各类人员提供全运会的售票、检票信息系统，包括售票管理、网上售票、检票管理、查询统计和系统管理等功能。

2. 信息发布系统：发布运动会的综合信息，为全运会参赛人员、技术官员、新闻媒体、社会公众等提供赛事信息。

3. 能源管理系统：实现对举办赛事体育场馆的水、电、气、热（冷）等能源消耗的实时监控，支持可视化监控展示、能耗数据处理、综合分析、显示和发布等功能。

结语

体育场馆信息化建设包括众多信息系统，对举办全国运动会这样的赛事，需要从多个方面进行场馆建设，信息化建设只是其中一个重要的方面。在体育场馆信息化建设中，要充分了解信息化需求，对各个信息系统进行高度集成，实现资源共享，提高信息系统的高效率使用，满足运动会的竞赛功能及为日后场馆运营提供必要的信息基础。

参考文献

[1]《第十四届全国运动会场馆信息化一馆一册》，2020。

场馆功能区域信息网络点位配置 表 1

编号	功能区域	信息点位	赛事互联网	竞赛专网	智能专网	Wi-Fi网络	通信网络
1	竞赛区	≥10	√	√	√	√	√
2	观众区	≥8	√	×	√	√	√
3	运动员区	≥8	√	×	×	√	√
4	竞赛管理区	≥10	√	√	√	√	√
5	新闻媒体区	≥8	√	√	√	√	√
6	贵宾及官员区	≥4	√	×	√	√	√
7	场馆运营区	≥8	√	×	√	√	√

浅述智慧城市项目的建设监理

肖　莹

武汉星宇建设咨询有限公司

摘　要：本文在浅述了智慧城市项目的建设监理特点、难点及重点的基础上，结合工程实际，叙述了智慧城市建设监理的重要分部分项工程质量控制要点。

关键词：智慧城市；实施重点；控制要点

引言

新一代信息技术、云计算技术、大数据分析、人工智能等前沿科技所推动的智能城市概念，已逐渐成为城市规划、城市建筑、城市管理等领域所关心的热门话题。智慧城市项目集成了建筑工程、市政公用工程、信息通信工程、机电安装等工程技术，跨越诸多专业领域，其高科技含量及其实施的艰巨性和复杂性决定项目实施离不开高质量的管理和监控，工程监理在智慧城市项目推进过程中将显现重要作用。如何全面认识智慧城市建设特点、实施难点，从而找出工程监理相对应的实施重点以及典型工程质量控制要点，是监理公司当前的迫切需要。

一、智慧城市项目的特点

智慧城市将各种计算机技术和创新理念交叉融汇，运用网络、大数据、移动通信技术等工具与方式，集成了城市运营核心系统的各种重要信息，进而对涉及城市规划、城市服务、城市交通管理、公共安全等不同需要进行智慧响应的重大建设项目，其具有以下主要特点：

1. 智慧城具备全局性、公共性、前瞻性、可持续性，需对各项工程建设需求进行系统的统筹规划，并具备明晰的规划过程与实施趋势。

2. 智慧城市建设中面临着各种体制、机制上的约束，在建设进程中也面临着各种程度的阻碍，因此政府必须形成强大的组织协调与决策机构，以全方位协调当地智慧城市的建设与管理。

3. 信息安全建设是智慧城市建设的重要环节，数据信息融合是智慧城市建设工程的核心。在如何有效聚集数据、保证数据的准确有效性，如何对数据进行挖掘和分析的同时，数据的使用权限设置及信息安全保障措施是工程应用最为突出的关注点。

4. 目前国家及行业的智慧城市建设标准及规范尚不健全，现有的智慧城市建设的标准仅规定了建设需遵循的基本原则，对工程建设缺乏实际指导意义，且智慧城市的快速发展，带动智慧技术、智慧产品、智慧设备更新较快，因而智慧信息化平台扩展迭代能力需要跟上智慧城市的发展。

二、智慧城市项目实施的难点

1. 需求定位难。在项目建设开始阶段，用户需求定位难以把握，不知道具体要做什么，实现什么样的功能；但随着项目的推进，需求慢慢明朗，这往往会修改甚至推翻前面所做的大量工作，造成项目建设反复，浪费项目建设资金，延长项目建设工期。

2. 协调与评价难度大。智慧城市建设涉及的项目类型多、建设内容较全面，需要利用大量社会资源，因此建设过程中需建立强有力的组织协调机制。智慧城市建设的相关规范和标准明显滞后或缺失，缺少统一的、可行的质量评价评测量化标准。

3. 信息孤岛问题，体制突破问题。一是不同部门分块建设小数据中心，数据的归集和共享存在"信息孤岛"；二是标准建设相对迟缓，且各种标准不统一，业务操作平台软件无法模块化开发；三是机制创新和技术创新协同进步，智慧城市才能持续向前发展。

4. 智慧城市建设是一个动态的、长久的过程。各个阶段的工程任务内容均有一定差异性，协同处理内容较多，工程应用的目标性范围不确定，子项目多以同期或并行实施为主，存在对新技术应用和多学科领域的广泛覆盖。

三、智慧城市项目监理相应的实施重点

由于数字化工程建设不同于常规工程管理，智慧城市项目需明确大量的项目应用目标范围，处理众多的新技术应用与多专业领域的覆盖，相应对监理提出了更高的全局性控制要求，项目监理的主要重点如下：

1. 在智慧城市整体规划的基础上，监理方协助建设各方进行工程分步实施的需求分析。通过反复的沟通、分析和评审，结合当前国际国内智慧城市建设成功案例的前沿，形成一套清晰、实用、安全、信息共享、前瞻性的需求分析。

2. 监理单位作为中国智慧城项目工程建设中重要的组织协调者，必须充分发挥监理协调机制，坚持公平公正的协调原则，增强项目参建方凝聚力，依法依合同处理各类问题，力求各方达成统一意见。

3. 在执行现行的国家及信息化行业标准规范的基础上，适当借助国内外的智慧城市建设相关标准规范，在项目管理各方达成共识后，形成一套可操作的、科学的、质量可保证的质量评价评测系统。充分实现项目透明化，严格执行阶段性项目质量评审及阶段性成果评审会签制度，尽量做到不让上一阶段遗留的问题带给后续阶段任何隐患。监理机构质量控制点的建立，以及质量标准制度的正确性是监理工作能够获得良好进展的关键。

4. 建立健全监理机制，主要包括了监理部门组织的设置，人员团队设置，以及实施对各类项目的监理办法、监理手段措施及其中应用到的监理工具等，确保项目建设期间的全局性控制要求。

四、智慧城市项目主要分部分项工程监理质量控制要点

2017年参与了国内某智慧新城的建设监理任务，项目内容主要包含智慧交通建设、智慧城管建设、智慧管网建设和综合运行中心建设四个方面。通过两年多的监理工作，积累智慧城市工程监理经验，对智慧城市典型分部分项工程监理质量控制要点具有一定的认识。

智慧城市建设的监理范围，主要涉及互联网、公众信息资源共享、信息技术运用、网络安全、城市运营保障等系统。智能城市建设的典型工程项目，涉及通用布缆工程建设、计算机网络系统工程、电子机房安全建设、运营保障服务、信息安全建设、软件工程、数据中心建设、公共视频监控及联网工程等。

在项目实施过程中，典型工程监理质量的主要控制要点包括：

1. 通用布缆系统工程的监理

通用布缆系统是中国信息系统工程的基础设施，是国家信息化工程建设的基本平台。系统构成较复杂，施工作业面较大，有一定的施工难度并且存在施工的安全风险，现场监理人员必须掌握多专业技能知识，同时要协调建设相关单位，确保交叉作业的效率和安全。施工过程中，监理采取旁站和巡检等方法，对布线过程进行检查，对弱电井、桥架内的线缆进行隐蔽工程验收，确保电缆铺设符合规范要求。具体负责审核检查施工组织设计，以及有关各种保证方案；审核并监督工程设计合同在施工执行阶段的履行状况；对测量放线、隐蔽施工、重要节点建设和工艺、过程等实施质量检测监控；对屏蔽布缆系统，应确保屏蔽和等电位连接可靠、接地良好，及对机柜、机架安装的检查等。

2. 信息网络系统工程的监理

计算机网络体系建设点多面广，硬件设备多且复杂。监理人在施工过程中严格审核检查施工组织设计以及有关的各种安全措施；对通信线路等关键节点和工序监理采取巡检、旁站等方法，利用监理云信息化管理手段，真实记录现场情况。对网络设备产品的入库、开柜检查过程进行旁站监察，对机柜装置、设备的检测过程进行旁站、抽查、检测等检查方法，对系统软件、控制管理软件、网络服务程序，以及其他软件的安装、配置、调试测试等过程进行旁站和监视，并做好有关档案，现场进行拍照取证，填写安装、测试等检查表单，隐蔽工程及时验收。指导承建单位合理优化网络部署，使网络效果达到设计要求。

3. 电子设备机房系统工程监理

电子设备机房系统要在有限空间内

合理布置和安装设备，各类系统密切配合使机房达到最佳使用效果。这对监理人员的综合素质要求较高，全系统将分别由专业监理工程师进行监理、审核施工单位的专业施工方案，并向建设单位出具专业工程监理实施细则。主要针对供配电系统、不间断电源系统、应急发电系统、电线电缆路径和电线电缆铺设系统、灯光与应急照明系统、防雷及设备接地系统、中央空调系统、消防设备管理、视频监控综合安防系统、动力环境监控系统的不同特点合理计划施工顺序及进度，对各系统的设备安装及调试进行检查，形成分部分项工程验收记录，监理参与对隐蔽工程进行拍照取证和验收，确保工程能够按照规范要求顺利实施。

4. 软件工程监理

软件工程比硬件系统工程更加聚焦于专业，需要专业监理工程师掌握软件开发的有关专业知识，并根据软件工程的基本思想，对整个软件工程的技术需求分析、软件系统方案设计、编码、软件测试与执行、软件工程验收等实施整个生命周期的监控，在各阶段对系统进行审核与评估，并监督检查施工单位使用软件工程检测工具对代码进行检验，对已实现的功能进行检测，同时负责编写工程文档，以保证开发资料的全面完备性，为整个软件系统投产和运维过程提供正确、全面的文档资料，最后保证施工验收与审计的完成。

5. 信息安全建设监理

审核工程设计中有关信息安全建设工程的实施方案与信息安全建设设计是否相符；对测试装置与安全技术配套装置仔细检查，对进行填报的电子信息装置进行检测进场合格表，在必要时进行联合检测；对涉及信息网络安全性的各种装置跟踪检验检查其安装和调试过程，并确保各装置质量达到相应的规范要求；督促检查系统测试与试运行，并做好测试记录，促使各装置各项工作正常，功能、特性满足企业安全性的技术标准以及合同和设备的使用规定；供电系统和接地保护体系的安全工作可靠度、实际工作空间及综合应用环境条件的安全工作可靠度、安全防范技术的可靠度，应满足综合环境保护规定等。

结语

综上所述，智慧城市项目建设的监理重点是把握"智慧"这一特点，监理方密切配合建设方，严格审核承建方的需求分析报告，对分析报告中的功能需求和性能需求提出建设性的意见，对部分功能重叠进行整合，保证业务流程的简化和实用，特别是在二次深化设计或和其他已有系统接口对接上发挥监理人的专业知识，提出整改意见和调试方案，有针对性地解决智慧城市工程建设中存在的实际问题，构建了比较适应的智慧城市的需求设计与系统设计，以最大限度将信息技术、工业发展和城镇化深度结合，实现了城市智慧交通、智慧城管、智慧管网、城市综合运行中心检测监控各项功能，提升了四大领域的资源环境的智慧应用，取得了较好的社会效果。

参考文献

[1] 熊璋. 智慧城市 [M]. 北京：科学出版社，2015.
[2] 智慧城市建设工程监理规范：DB23/T 2703—2020 [S].

提供超值服务，收获超值回报

韩建东

中国水利水电工程建设咨询西北公司

监理作为企业，本质为提供监理服务，获取服务报酬。但目前工程监理取费比例一般为工程造价的 1.2%~2.5%，利润偏低。如要获得理想的监理收益，在监理合同执行过程中，提供技术、质量、安全及进度等方面的超值服务，是获取超值回报、提高收益的有效方式之一。

一、工程概况

两河口水电站位于四川省甘孜州雅江县境内的雅砻江干流上，为雅砻江中、下游的"龙头"水库。两河口水电站坝址控制流域面积约 6.57 万 km^2，占全流域的 48.3% 左右。坝址处多年平均流量 666m^3/s，水库正常蓄水位 2865m，相应库容 101.54 亿 m^3，死水位 2785m，调节库容 65.6 亿 m^3，具有多年调节能力。拦河大坝最大坝高 295m。电站装机容量 300 万 kW，多年平均发电量 110 亿 kW·h。

本工程为一等大（1）型工程。挡水、泄洪、引水及发电等永久性主要建筑物为 1 级建筑物，下游消能防护及永久性次要建筑物为 3 级建筑物，临时建筑物为 3 级建筑物。枢纽建筑物有砾石

土心墙堆石坝、洞室溢洪道、深孔溢洪道、防空洞、竖井泄洪洞、输水发电系统建筑物等组成。采用"拦河砾石土心墙堆石坝 + 右岸引水发电系统 + 左岸泄洪、放空系统 + 左右岸导流洞"的工程枢纽总体布置格局。

二、监理服务

（一）合同约定工作内容

主体工程监理 I 标监理服务范围为开挖工程 I 标、开挖工程 II 标、大坝工程标、泄水建筑物系统工程标及相配

套的安全监测、物探检测标及辅助工程标等。

（二）监理机构

两河口监理中心于 2013 年正式成立，采用矩阵式组织架构，设置合同部、技术质量部、安全环保部、总监工作部四个职能部门，随工程进展设置开挖工程部、大坝工程部、泄水工程部、基础处理部、辅企部等项目管理部门。

三、超前管控　主动服务

工程监理是服务性行业，管控是在

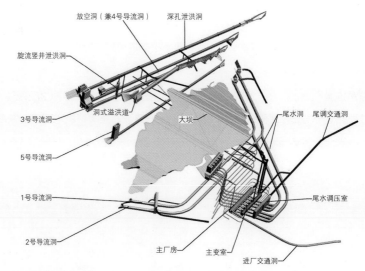

两河口枢纽三维布置图

满足合同要求前提下，推动工程顺利开展，使参建各方满意。在公司愿景、使命的指导下，两河口监理中心结合工程实际，打造了项目的发展战略和文化理念，即针对业主的"四心"理念和对承包商的"十六字"工作要求，明确监理管理工作总思路。

针对业主的"四心"工作理念：

省心——攻坚克难、提前谋划、借力后方、技术先行；

安心——安全质量、守住底线、钉子精神、管住过程；

爽心——实现节点、提前发电；

放心——投资受控、通过审计。

针对承包商的"十六字"工作要求：

廉洁监理、守住底线、主动协调、公平公正。

在实际工作中，监理中心要求全体员工熟知并践行上述工作思路，超前管控，主动服务，奉献精品。

1. 管理制度

工程未动，制度先行。在工程开工前，中心结合现场实际情况，依据设计文件、合同文件和业主管理文件等，在工程施工前编制完成监理规划、监理实施细则及相关管理办法，指导监理工作。目前中心有安全、质量及廉洁从业等方面的监理工作制度、管理文件 59 份，指导监理现场工作的各类监理实施细则 43 份。

2. 技术方案

针对两河口水电站工程规模大、技术标准高、施工难度大及高海拔寒冷环境的特点，监理中心对施工技术方案采取提前谋划、借力后方、分级审核、多级审批的方式进行管理，确保施工方案合理可行。

1）监理中心审批

对于现场常规施工方案采取监理中心专业监理工程师初审（批），部门主任进行校核，主管副总监进行审核，总监批准的四级审批手续，确保施工方案的指导性和可操作性。

2）监理中心后方专家团队支持

针对较为复杂的施工方案，如危大工程、关键项目等，则在监理中心审核的基础上报后方专家团队进行技术复核，确保方案的有效性、合理性和安全性。

3）邀请外部专家咨询评审

针对工程技术难度较大的关键项目、重要部位的施工技术方案，根据方案的复杂程度邀请外部专家对方案进行咨询评审，确保方案的可行性，指导现场施工。

3. 标准工法

水电工程的单一、不可重复性，造成部分施工工法和措施在工程之间适应性较弱。需结合工程实际特点，依据各类试验及工程实践确定适合本工程的施工工法和措施。

两河口水电站根据开挖施工工艺特点和质量控制重点，在前期开挖阶段，制定了边坡开挖"一五一"（一炮一设计、五步校钻法、一炮一总结）工法，洞室开挖"三个一"（一炮一设计、一炮一研判、一炮一总结）工法；在混凝土浇筑阶段，制定了混凝土浇筑"四三一"（四管、三控、一养护）工法；在大坝填筑阶段，制定了"五证"（准采证、准铺证、准掺证、准填证、准碾证）制度。

上述工法及制度，保证了施工管理的有效性和监理质量控制的针对性。

四、技术创新

两河口水电站设计要求高，施工技术难度大，为满足工程建设需要，响应国家智慧工程、科技工程的号召，中心组织或参与了施工方案的优化，新方法、新技术、新材料等的创新应用，保证了工程"好＋快"的推进。

（一）独立提出技术创新措施，施工单位采纳

1. 上、下游围堰防渗墙提前施工

上、下游围堰防渗墙施工按照招标设计规划属于大坝标施工合同内容，计划施工时段：2015 年 12 月—2016 年 3 月，工期异常紧张，且跨春节和冬季，并与分流挡渣堤拆除、围堰灌浆、围堰边坡开挖支护、围堰填筑等前后工序衔接紧凑，成为 2016 年汛前围堰完建度汛的关键线路。

西北监理根据工程经验，力排众议，建议上、下游围堰防渗墙施工提前一年实施，施工时段：2014 年 10 月—2015 年 5 月，且建议引入专业队伍天津基础局实施施工。最终不仅缓解了工期紧与施工质量之间的矛盾，并为围堰完建度汛打下良好基础，且上、下游围堰渗漏量远小于设计量，取得了较好效果。

2. 大坝填筑范围内上游台地提前挖除

大坝上游左岸填筑轮廓线范围内有一个缓坡台地，存在不均匀沉降，大坝有产生裂缝的风险。西北监理建议业主、设计并实施台地挖除 100 万 m^3 左右，截至目前蓄水超死水位，大坝未发生变形破坏和裂缝。

3. 砂石加工系统、反滤料及掺砾料加工系统布置优化

招标投标阶段，砂石料及反掺料系统均建设在最大回填高度 160m 的冲沟渣场之上，在如此高回填渣场上建设大型加工系统国内无可借鉴的成功经验。待施工单位进场后，西北监理提前研判、

踏勘并建议实施系统破碎、筛分等重荷载设施布置在挖方上，并减少毛料运距2km左右，从而保证了系统安全稳定运行和降低毛料运距成本。

4. 灌浆专项试验

招标投标阶段，两河口厂坝帷幕灌浆防渗体系无灌浆专项实现，西北监理研判厂坝区地质情况，建议业主并实施帷幕灌浆专项试验，取得有效灌浆施工工艺参数，为后续厂坝渗控系统施工质量和进度打下坚实基础。

5. 混凝土工艺及仿真试验

两河口水电站泄洪系统有着世界最大的泄洪流速（53.76m/s），其混凝土施工质量直接关系着系统泄洪安全。在施工之初，混凝土施工工艺未定，且混凝土模板有着滑模和翻模之争，方案迟迟未决，直接影响现场施工。为选择最适合两河口的混凝土工艺和模板方案，监理中心建议现场开展混凝土工艺试验确定混凝土施工参数，并开展大型仿真试验，选择模板类型。通过试验对比总结出了混凝土施工工艺参数和模板类型，保证了施工质量，加快了决策进度。

6. 分析研判工程项目及施工合同特点，建议并实施重大合同变更费用的暂结、预付款缓扣、签订补充协议等措施，避免了施工方现金流断裂和工程建设顺利进行。

上述合理化建议均得到了管理局和相关参建方的采纳，事实证明，上述合理化建议不仅节省了工程投资，优化了施工顺序，还减轻了关键线路上施工项目的进度压力。在施工过程中监理中心根据工程进展还提出了很多合理的建议，解决了工程实际问题，保证了工程顺利进行，体现了监理工程管理的专业化水平，赢得了各方信赖。

（二）联合开发，共同推动施工技术进步

高海拔寒冷复杂条件下超大型工程在施工过程中遇到施工难题在所难免。监理中心作为工程重要的参与方，深度参与了大坝冬期施工、大坝雨期施工、智能灌浆、智能碾压等多项创新施工技术的研发与应用，为工程顺利推进和水工施工技术的进步贡献了监理力量，现就主要创新应用简要介绍如下：

1. 大坝冬期施工

高海拔高寒地区心墙土石坝施工受冬季影响较大，监测发现大坝防渗土料在无覆盖条件下，低温季节均出现了不同程度的负温冻结现象，冻融过程为典型的单向冻结、双向融化过程，冻结持续时间不超过一个昼夜，为典型的短时冻土。冻土对施工效率及进度影响较大。

为保证冬期施工质量，提高效率，主要从土料开采、运输、掺拌、备存及上坝铺料碾压等环节进行土料的温度变化规律及冬季冻融对土料物理力学性质的影响等方面进行研究。在研究过程中，监理中心深度参与现场各类试验过程，提出试验场次及试验内容等方面的合理化建议，对试验数据进行核对、分析，根据试验进展情况提出补充试验等。最终，现场试验数据有效地支撑了研究成果，为冬期施工理论研究提供了全面翔实的试验资料。

根据以上研究，大坝心墙冬期填筑施工按"冻土不上坝、冻土不碾压、碾后土不冻"的原则进行，并研制了土工膜快速收放机等配套设备，制定了相应的施工方案及质量控制关键点，形成了心墙防渗土料冬期施工关键技术。

大坝冬期施工关键技术的实施，极大地提高了大坝填筑效率，减少了冬期

人员、设备窝工，保证了大坝填筑施工进度。经统计，采取冬期施工技术以后，大坝冬期施工效率提升了约42%。

2. 大坝雨期施工

受土料性质的影响，两河口心墙防渗土料对降雨量更为敏感，实际施工中，当降雨量大于2mm时，心墙土料即无法施工；降雨量大于5mm时远远大于规范规定的不得施工的要求。同时降雨对土料的开采和制备影响也较大。对比其他工程，两河口水电站对降雨敏感土料的施工无成熟经验可循。

为了减少降雨对施工的影响，监理中心组织参建各方集中讨论研究，并通过创新、探索及试验，形成了心墙防渗土料雨期施工控制技术。

1）借鉴糯扎渡水电站引进气象雷达，提高施工区域天气预报准确率，为防雨施工争取更多的时间。工程实践证明，降雨预报准确率由50%提升至95%。

2）采取工程措施，即"挡雨""排水"综合措施，减少降雨影响。主要措施为料场小范围开采、备料场排水、砾石土制备土上石下＋光面防雨、成品防雨覆盖、填筑现场小仓面快速轮倒施工、雨前快速光面、仓面龟背排水＋人工舀排、快速含水检测、超标换填、复工填筑等。上述措施的采取，使大坝雨期填筑施工效率提升约22%。

3. 智能大坝技术

大坝填筑方量超4200万m³，工程填筑规模巨大，技术标准高，质量控制严。为保证施工质量，减少人为因素对施工的影响，促进筑坝技术发展，同时减少长时间持续振动对操作人员身心的不利影响，两河口水电站决定研究应用智能大坝技术。

智能大坝系统主要由料源开采及上坝运输实时监控系统、掺和场施工工艺监控系统、坝料自动加水系统、填筑碾压质量自动监测与反馈控制系统、智能碾压五大子系统组成。

在系统开发调试阶段，两河口监理中心深度参与了系统的调试、运行、维护及制度编制，充分吸取糯扎渡数字大坝系统的经验教训，并结合两河口大坝工程实际情况，组织参与制定了《智能数字大坝项目实施方案》，增加了不同料种的碾压遍数合格率的相关控制指标。组织参建各方召开周、月例会，推动智能大坝的建设，对智能大坝系统相关软件硬件设备的安装、调试进行验收，确保智能大坝系统能够有效使用。

在运行维护阶段，组织制定了首批《两河口水电站心墙堆石坝施工质量与进度实时监控系统运行管理办法》《大坝填筑智能碾压系统研究与应用操作说明书》及《智能大坝监理实施细则》等与智能大坝相关的管理制度及管理办法，保证了系统的规范有效运行。

截至 2021 年 10 月，对大坝各填筑料共计 11533 个仓面实施了监控，实现了"仓仓有监控、层层有数据、碾压质量有保障"的效果。智能碾压共碾压完成 975 仓，共计碾压方量约 300 万 m³。经数据对比，智能碾压较人工碾压遍数合格率提升了 4% ~ 6%，保证质量；碾压效率提升了 11% ~ 21%，保证工期；碾压路径长度减小了 9% ~ 14%，节约投资。

两河口水电站智能大坝的应用，解放了劳动力，保证了操作人员身心健康，提高了工作效率，并促进了智能大坝系统推广应用，同时《300m 级高心墙堆石坝智能填筑关键技术及工程应用》获得 2020 年中国大坝工程学会科技进步

特等奖。

4. 智能灌浆

灌浆作为隐蔽工程，关键是质量控制，核心是数据真实、准确、完整、可靠。在最大程度上改变灌浆受人为因素干扰的困局，提高灌浆施工质量的可控性，减小劳动强度，改善工作环境。两河口水电站开展了智能灌浆系统研发与应用施工试验。

两河口智能灌浆系统由自动制浆单元、智能灌浆单元、污水处理单元、云端实时监控平台四部分组成。实现了自动制浆、压水灌浆、控压、采集灌浆数据和成果图表智能统计分析整理、智能终端设备实时监控和电子审签、废水处理循环利用等主要功能。

在智能灌浆系统的研发应用、现场测试及验证性应用过程中监理中心组织参建各方召开周例会、月例会、现场碰头会、专题会，对现场施工、人员设备、软件运行、施工进度等方面出现的问题及时协调解决。其中，监理中心提出了优化建议共计 31 条、问题反馈 69 条，完善了系统软件功能，优化了使用体验，推动了智能灌浆系统验证应用进度。

在系统投用后，组织了《智能灌浆安全操作规程》（第一版）的编写及评审工作，以《智能灌浆安全操作规程》指导现场智能灌浆施工。同时编制了《智能灌浆工程监理实施细则》，规范了智能灌浆现场施工和监管。

截至目前已完成帷幕灌浆 12031m，除少数异常情况（串、冒、漏浆等）人工辅助完成灌浆外，其余均为系统自动完成，占完成量的 86%；检查合格率 100%。智能灌浆系统的成功应用，实现了灌浆施工全过程的透明化监控，改善了工作环境，减少了人工投入，提高

了施工效率，保证了工程质量。

（三）参与施工单位的管理

工程监理是受业主委托，根据合同及规范开展"四控两管一协调"工作，但在实际监理过程中，因部分承包方管理技术水平不足、工程进展严重滞后或应急抢险等工作需要，监理参与工程管理的深度和范围就要随之进行拓展和延伸。两河口水电站监理中心发挥技术优势，主动为工程服务，促进各方共赢，就上述情况开展了以下工作，有效解决了工程难题，取得了较好的效果，赢得了业主信赖。

1. 精准帮扶

部分承包商水电建设管理经验不足。为理顺工作思路，保证工程顺利推进，监理中心除组织召开了首次工地例会及其他例会外，还组织承包商对参建四方的管理流程及程序进行了详细交底；与承包商共同对施工方案进行讨论，使方案更加优化合理；在工程施工过程中，监理中心分管干部轮流参加承包方的日生产调度会，帮助指导生产。

上述措施的实施，使工程得以顺利推进，同时树立了监理在工程管理中的"权威"。

2. "急难险重"项目驻场协调及日碰头会

工程实施过程中的急难险重项目，是考验工程管理水平的试金石。急难险重项目往往是参与单位多，施工难度大，人员设备掺杂，工期紧任务重，需协调解决事项多。此时，监理中心将管理重心前移，由总监或副总监驻现场协调相关事项，并根据实际情况组织参建各方参与现场"碰头会"，现场解决问题，提高协调效率。

两河口水电站在一期蓄水时，需对初期导流洞进行封堵和尾水改造，封堵

施工必须在封堵闸门前的水位到达其最大工作水位前完成，封堵工期十分紧张。而影响封堵施工的关键症结为导流尾水围堰的形成时间的长短，同时在导流转换期间还需要对下游河道进行清理。因此在有限的施工时间段和狭窄的工作面内，聚集了多项不同的施工内容，多家单位参与，设备、人员众多，且工期紧、任务重，需协调事项多。为保证现场工作有条不紊地开展，监理中心组织相关单位在现场成立专项协调小组，驻现场协调并组织日碰头会，解决安排现场事项。在后续的14天内，完成了约23万m³的河道清理，约4万m³的围堰填筑并及时开展了围堰闭气灌浆施工，在有限的时间内圆满地完成了预定工作内容，保证了工程里程碑节点的顺利实现。

五、监理成效

（一）工程监理效果

截至2021年10月，两河口水电站已完成了工程二期蓄水，坝前水位超过200m，二批次4台机组已投产发电，投入使用的工程项目运行正常。所监理标段施工质量、安全受控，各标段施工进度满足要求，其中大坝标工期较合同提前约一年。累计18次政府质量监督结果为"受控或基本受控"，中国工程院院士马洪琪、孔宪京及勘察设计大师杨泽艳、张宗亮等对工程给予了高度评价，称"大坝施工赏心悦目，科技创新成果显著"。

（二）人才培养

两河口水电站位于高海拔寒冷地区，项目规模巨大，技术标准高，施工难度大，多项技术、施工指标位居世界或国内前列，具有较强的行业影响力，

是我国水电开发向高海拔寒冷地区发展的标志性工程。

监理中心充分利用两河口水电站工程平台，打造"西北狼"学习型组织，进行人才培养。先后制定了双导师带徒、员工小讲堂、晚自习制度、监理日志评优、知识竞赛及干部（骨干）快速培养计划等系列措施，帮助干部员工快速成长。让员工有干头、有盼头、有甜头、能出头。

目前，中心干部队伍建设及人才培养成效卓越，干部年轻化特征明显。截至2021年10月，监理中心共提拔干部56名，其中提拔副总监7名，部门主任10名，副主任及主任助理39名。并向公司其他项目推送总监、副总监10名，部门主任、副主任13名。为公司培养输送了大批年轻骨干人才。

（三）获得荣誉

两河口监理中心至今已成立8年，在公司"专注于工程建设管理""打造最值得信赖的工程建设管理品牌企业"使命愿景指引下，监理中心秉承"管住过程，守住标准，热情服务，奉献精品"的工作思路，在工作中披荆斩棘，精耕细作，以实际行动获得了公司、管理局等各方称赞，实现了"监好一座电站，带出一批队伍，创好一片效益，开拓一片市场"的目标。

两河口监理中心先后获得了四川省总工会"工人先锋号""五一劳动奖状"（唯一一家服务单位）、"先进班组""安全标准化一级工程建设项目"等荣誉称号。同时还获得了西北院及公司各类荣誉16项，获得管理局各项荣誉34项，其中唯一一个"七星监理部"（连续7年获得优秀）。

两河口监理中心共有43项QC成

果获得省部级及以上奖励，发表论文45篇，获得西北院科技进步奖16项，获得专利9项，获得质量协会"优秀质量班组"4次。

六、获得超值回报

（一）中标价

四川省雅砻江两河口水电站主体工程施工监理Ⅰ标（合同编号：LHKA-201129），中标总价为人民币壹亿叁仟叁佰陆拾伍万捌仟叁佰捌拾捌元（小写：133658388.00元）。

（二）所监理标段合同额及监理费实际结算额

由于主体工程施工监理Ⅰ标合同履约较好，开明的雅砻江公司两河口管理局委托西北监理合同外项目20余项，截至2021年三季度，累计结算监理费约1.88亿元，预计完成本合同监理费结算额约2.5亿。

结语

两河口水电站是中国最复杂宏伟的水电工程之一，是我国水电开发向高海拔寒冷地区发展的标志性工程。而通过两河口水电站的建设，监理中心培养了大量人才，积累了大量经验，为后续金沙江、雅砻江、大渡河、澜沧江、怒江和雅鲁藏布江等条件复杂地区大型工程建设监理打下了坚实的基础。

同时为积极响应国家碳达峰碳中和"3060"目标，促进能源结构调整，加快能源绿色低碳转型。根据公司工作部署，中心紧盯抽水蓄能电站建设动态，超前谋划，提前准备，主动作为，以实际行动服务国家战略。

凤择良木，贤聚中咨

杜　添　　崔　文

中咨工程管理咨询有限公司

回望1988，澜沧地震、大兴安岭火灾、"物价闯关"，国有企业在体制的桎梏中寻求新的发展思路，金融、证券、股份、产权开始进入大众的视野。而在这注定不平凡的一年中，我国的建设监理制度也迎来了元年。风雨激荡33年，一代又一代监理的付出与坚守，成就了监理在我国的建设工程体系中不可忽视的角色，也推动着监理事业的变革与创新。

在大变革的新时代，监理行业在初入职场的年轻人眼中似乎已不太受到青睐。当我走出象牙塔，初入职场便选择加入了工程监理公司时，让我始料未及的是来自家长、导师、前辈和同学的质疑声一直充斥了我的职业生涯的初期阶段。在舆论环境中，对监理行业以及年轻人从事监理行业的讨论似乎也充满了劝退的声音。"监理工资低""监理学不到东西""监理就是吃、拿、卡、要""监理法律责任大"等负面评论不绝于耳。原因何在？回望这一路的历程，我有以下几点体会：

一、监理工资低、晋升慢。初入监理行业，受工作经验、职称、执业资格证书等因素影响，监理新人工资普遍不高。而从监理员到监理工程师，除了经验与年限的积累，更需要获得监理工程师执业资格证书。

二、监理日子太过于"混"。对于刚毕业的年轻人而言，正是事业打基础的时期，从事监理职业，主要为从旁监管，而无需实际施工操作，相对轻松的工作往往导致工作过于懒散、无压力，久而久之造成了年轻人缺乏主动学习的动力。除了工作强度低，由于行业内存在的一些乱象，年轻人耳濡目染，也容易滋生"吃、拿、卡、要"等不劳而获的心理，从而缺乏坚持原则、底线的职业操守。

三、监理泛而不专。监理是一个涵盖多专业，涉及多学科的工作，除应掌握工程相关专业技术知识，如土建、电气、水暖等，还对掌握相关建筑法律法规、规范标准、管理程序、工程经济等知识提出要求。新人开始工作后常因接触的内容太过于宽泛而难以深入研究，这样粗略的涉猎，往往导致对工程的一知半解，而无法真正务实地处理一些实际事务。

四、监理缺乏真实的成就感。在工程实践中，由于监理的监督管理"地位"及从业人员的鱼龙混杂，施工方在工作过程常常阿谀奉承、阳奉阴违，而私下施工方对监理又充满了非议。因此，从事监理行业，很难获得真正的认同和成就感。

五、监理法律责任重。依据我国现有的法律制度，已经明确了建设项目五方责任制，监理由于负有监管的责任，对于质量、安全事故，往往难辞其咎。

监理工程师执业资格考试的改革和人力资源社会保障部《关于部分准入类职业资格考试工作年限调整方案公示》的出台，积极推动了更高水平监理人员就业门槛降低，也给年轻人创造了更多、更早走上中心舞台的机会。总监理工程师年轻化既是箭在弦上，也是大势所趋。作为"90后"的我，作为总监理工程师队伍中"新人"的我，作为迎接第一批"00后"监理"新人"的我，顺应时代走上舞台，在忐忑中努力适应和继续学习，常怀"新竹高于旧竹枝"决心，亦不忘"全凭老干为扶持"的深情厚谊。我也时时思考如何成为一个我心目中真正的监理工程师？如何调整、吸引更多年轻人，尤其是具有较高综合素质的年轻人投身这一事业？又该如何培养监理新人？又该如何从我做起，改变舆论对行业的非议？又该如何担负这个时代交予我的改革与创新使命，承上启下，将监理人的精神传承给下一代？尤其是在全过程工程咨询管理改革的大浪潮中，这些课题常常引发我的思考。从新人到培养新人，我也思虑良多，有了一些浅见。

一、工资保障及成长规划。从薪资角度看，随着时代的前进，相较于互联网、金融等热门行业，受制于行业特点及取费体制等问题，监理从业人员，尤其是初入监理行业的"新人"薪资往往偏低。从行业发展趋势考虑，专业综合性更高，对从业人员素质要求更高，提升从业人员报酬待遇以吸引更多年轻人的关注，迫在眉睫。推进行业取费制度改革，不仅能吸引更多年轻人的加入，促进行业的整体发展，亦能对行业内的贪污腐败等乱象起到一定的抑制作用。同时，作为对新录用应届生的吸引与鼓励措施，设置最低薪酬保障，保障新员工在初期阶段的收入待遇也是一个较为直接有效的方法。薪酬不应仅作为青年员工当前能力的数字化表现形式，更是对其未来发展潜力的一种超前投资。再者，给予青年人明确的成长规划，从工作年限、岗位（监理员、专业工程师、总监代表、总监）、执业资格及职称等多方面给予明确时间线及发展路线，让他们在入行初期不再迷茫，目标明确，有的放矢，势必会事半功倍。

二、"国家用人，当以德为本，才艺为末"。在我国建设工程管理中，监理具有对工程质量、安全、造价等的管控及审批职责和权力，从而也滋生了行业中的不少乱象。职业道德的培养是内在灵魂的塑造过程，我想应从他律和自律两个方面入手。一方面加强工程建设的法律、法规、标准和制度宣贯，对监理人员执业行为进行规范、教育、监督、提醒与帮助，从他律方面让青年人从"不敢"转变到"不想"。"道自微而生，祸自微而成"，制度建设的缺失往往使人更易被糖衣炮弹慢慢腐蚀、层层攻破，从而一步一步走向堕落，项目部在基层廉政建设中进行自查和调查，同时定期对青年员工进行谈话，了解员工心声。另一

方面，作为真实站在他们面前的监理人，我们有责任为这个行业、为他们树立起真正的监理工程师形象，不是他们印象中、舆论中不堪的形象，而是兼具德行修养与专业能力的监理工程师，营造"见贤思齐"的氛围，同时也需及时纠正身边不规范的执业行为，以达到"见不贤而自省"的警示作用。

三、新员工的专业素质提升。监理工作强度不高，可能是懒散的温床，但如果加以充分利用和引导，亦可能转换为其优势。将目标明确的成长规划，落实到"新人"的实际培养中，作为锦州医科大学附属第一医院停车楼项目全过程工程咨询项目监理部的总监理工程师，我首先结合公司管理制度要求，针对新人的培养制定了学习计划，并严格按照计划组织学习，内容不局限于项目合同及合同监理工作内容和职责、内部图纸会审、监理及相关建设规范及条例、项目监理规划、监理细则、公司管理制度等的学习和研讨，同时鉴于新人初涉实际的建设工程，从学校到施工现场的过渡欠缺一个衔接、转换过程，因此对建设工程阶段划分、建设工程相关法规、工程经济等多维度知识都应进行补充，建立立体式知识体系。培训学习的目的不仅是学习，更重要的是培养年轻人持续学习的习惯。

"人才自古要养成，放使干宵战风雨"。新人的培养同样要放在实践中，注重学以致用。尤其重视施工工艺、工程建设程序和工程建设资料的学习。通过"师傅带徒弟"方式深入施工现场，从图纸研习、测量放线、钢筋绑扎、模板安装、混凝土浇筑、钢结构安装、防水施工及墙体砌筑等工艺流程的质量、安全关注点的直观接触，再到工程实践中的

建设程序、工程资料流程的规范化学习，如工程开工、隐蔽工程验收、工程设计变更等。

立足现在，着眼未来，全过程工程咨询的大幕既已拉开，对于我们这一代的监理"新人"，更需注重对工程建设全过程中综合素质的培养，我们每一个从业者同样都是"新人"。跳出施工阶段的桎梏，对决策阶段和运营后评价阶段进行延伸，投资决策综合性咨询、工程报批报建、全过程项目管理、工程招标代理、工程造价咨询、项目管理—勘察设计管理、BIM咨询等全过程、多维度、多层次的课题都是我们应着力自学和培养的方向。

这不是可以一概而论的33年，机遇与风险并存，华彩与乱象共生，如果站在时代的上空，我们可以听到很多声音，一边是不破不立、慷慨激昂的背景旋律，一边是百花齐放的自由歌声，但还有一种声音不可回避，那是弥漫在整个行业的呼喊，它时远时近、时高时低，但听到它的人都明白其中的深意，这就是——改革。回望1988，监理行业从咿呀学语，到茁壮成长，再到向全过程工程咨询管理的奋力转型，这一路，绝不是只靠运气，靠的是一辈又一辈监理人的薪火相传。

巨浪中，行驶在一条汹涌而逼仄的航道上，每一步都是摸着石头过河，每一脚都踩到无人区。大浪卷过千堆雪，淘沙也淘金，全过程工程咨询管理改革的大幕早已悄然拉开，这是一个更加需要综合素质全面整合型的服务时代，这是一个比任何时候都更需要有创新勇气的年轻人的时代，这也是一个比任何时候都更需要"青出于蓝而胜于蓝"的时代。

监理企业升级发展转型，深入实践提升综合能力探索融合式发展

——监理企业融合式发展全过程咨询的探究

龚新波

陕西兵咨建设咨询有限公司

摘　要：总结以往工程建设经验，结合国内外工程管理的模式，探究监理企业融合式发展的模式。本文阐述了以项目管理为核心，通过查阅参考文献，结合项目案例，重点讲述在全过程工程咨询工作中以项目管理为核心，推动监理企业融合式发展，深入实践提升综合能力；其次设想在公司内部组织结构上进行融合，初步探讨符合监理企业的转型升级。

关键词：项目管理；监理企业；融合式发展；全过程工程咨询

一、全过程工程咨询的发展历程

建筑行业从野蛮生长、粗犷式发展，逐渐回归理性。当下装配式、绿色建筑、EPC、PPP 模式已趋近成熟。伴随着建筑业日新月异的发展和经营模式的不断创新，其国际化发展趋势越来越明显，管理技术难度系数不断增加，传统的以工程监理为主的项目管理服务已经远远不能满足新形势的要求。在国家"持续健康发展"政策方针指导下，全过程工程咨询服务呼之欲出，继《国务院办公厅关于促进建筑业持续健康发展的意见》（国办发〔2017〕19 号）文件之后，陕西省也相继出台了《关于印发〈陕西省预拌混凝土企业试验室基本条件〉的通知》（陕建

发〔2021〕1007 号）文、《陕西省住房城乡建设厅进一步规范和加强装配式建筑工作的通知》（陕建发〔2019〕1118号）文等文件，全过程工程咨询现在正处于前期发展的关键阶段，只有抢占先机，才能步步领先。

全过程咨询是为工程建设全生命周期的各阶段提供服务，其中项目管理属于工作核心（图1）。

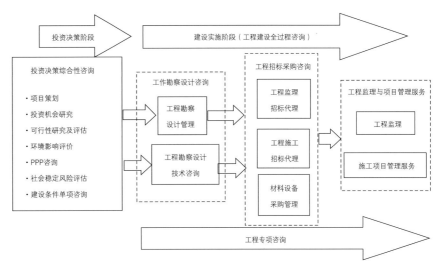

图1　全过程工程咨询业务组合示意图

二、监理企业向全过程咨询融合式发展趋势

随着监理行业的改革深入推进，监理行业发展新形态正在逐步构建，行业自身也正面临着重大的改革调整。工程咨询业也面临着考验，如何以项目管理为核心推动监理企业融合式发展，需要极大的勇气和智慧。

融合理念—全要素、全阶段、全方位：

1. 全要素：结合合同管理，将各单位智能服务成果、实物成果，汇编项目管理策划、规划、实施方案，以及工作制度、流程，构建科学的管理架构，系统化的咨询体系，完善的管理办法。项目决策全面考虑综合因素统筹管理，设计因素中将初设、设计图、二次深化设计管理目标明确，工作成果符合项目整理进度；投资控制因素中各项造价概预算管控与概预算目标值对比分析，在实施阶段招标采购、检验、验收程序合规。

2. 全阶段：全过程工程管理结合项目特点将各阶段的工作内容、咨询成果、常见问题，按照建设程序形成工作清单，将建设项目的全生命周期各专业、各系统集成化，达到项目决策到运营各阶段相协调融合的目标，将各阶段业务流程再造与优化，全阶段工作进行集中组合，全过程适时、慎重地进行，从而为企业的全阶段指明正确的方向，解决全过程咨询中条块分割无法打通、专业壁垒多的问题，实现逐步分解、细化、专业化发展相适应的业务阶段。

3. 全方位：在全咨各阶段工作中根据每项业务板块制定系统化、标准化工作程序和流程管理，通过业务板块每项的独特性，形成菜单式咨询服务体系和针对性的管理模式，满足业主的多元化、多样化、多层次、多领域的需求。在专业上无缝对接，聚融合勘察设计、报建、招标、造价、项目管理、监理专业，相互涉入、紧密围绕在"项目管理为核心"的服务链上，为业主提供全方位式服务模式，使项目各项指标高效完成。

目前很多监理企业实行的"监理＋项目管理"模式基本适应全过程咨询的发展，如兵器建设监理公司具有项目管理、招标代理、造价咨询、监理及科技咨询、司法鉴定等多项资质，符合全程咨询的业务特点。该公司属于陕西省全过程咨询的第一批试点单位，在发展全过程咨询之路上需要整合资源，通过协调管理，打破信息与资源壁垒，形成符合项目的组织结构，从而提高工程建设水平，提高公司的效益，探索出符合自身特色的全过程发展道路。

三、以项目管理为核心推动监理企业向全过程咨询发展的价值

（一）集成化管理

将全咨各阶段和涉及的各参与单位进行集成化管理。对资源与专业技术高效整合，各阶段信息流集成式统计，分析项目的隐患与下一阶段重点，通过多要素、点线面的方式衔接各种资源、专业技能，打破原有模式和资源的壁垒，提供高质量的决策咨询，相互协调、竞争互补，达到项目的整体目标（图2）。

（二）减小风险、加强预防

项目管理发挥在全生命周期各阶段的主观能动性，通过目标论证，任务分解，从源头把控减少安全事故，降低各参建方的安全与责任。主要通过标准化管理，重点强化在决策、投资、实施、运营、自然、社会等风险管控，规避因管理不善造成的风险。

（三）加快项目建设周期

通过精细化管理，明确管理界面，减少资源的投入，规避因信息传递、加工处理形成周期延长；如在项目决策阶段可根据实际对项目策划、可研、环评、勘察、设计、造价等同步推进；在招投标过程中，高效优化项目组织，简化合同关系，加强各参建单位衔接度和配合度，加快项目建设周期。

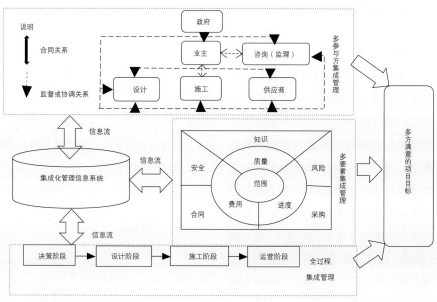

图2 集成化管理

（四）实现项目增值

由项目管理统筹项目建设各个咨询板块，通过科学的管理架构和高效的管理流程，对总投资目标的分析、分解，发挥各专业专长与优势，减少管理疏漏和缺陷，助力全过程管理的微观质量和建设品质，促使未来全过程咨询发展管理模式，使项目在质量上、品质上，后期收益中均能有效提高，从而达到项目增值的目标。

四、以项目管理为核心建立的全过程建设体系

（一）核心概念——以项目管理为中心融合整个项目

以项目管理为核心，根据整体性目标、系统化管理理论，实现各阶段目标。在决策阶段为项目立项、审批、手续办理、对外关系提供专业化服务，在实施阶段根据各单位的特点建立符合项目的管理模式和流程制度，进行有机协调和整合，为工程业主提供无缝隙且非分离的全方位服务，从基础核心概念出发，走融合式发展之路。

（二）融合式发展——从部分走向整体，从破碎走向整合

理论上，整体治理、集成式管理是解决松散化和碎片化的关键。全过程管理是一个动态的、持续的、整体性的过程。现阶段全过程服务中存在组织机构职能部门出现多头管理、界面重复，致使全过程管理咨询服务链条松散化和碎片化。通过对"1+N"、一体化、联合体的理解与AECOM公司的第二方面理念一致。结合公司在咨询及项目管理、监理、招标、造价、司法鉴定等多项业务，符合以项目管理为中心推动企业业务板块的融合。

五、监理企业开展全过程咨询服务的优势

（一）政策支持——得天独厚的先天条件

在各项政策的引导和建筑行业的发展下，大力推进全过程咨询，优先在政府投资项目采用全咨模式，通过一次次的试点项目，建立企业探索全咨的方法，培育增强各省试点单位的综合实力和核心竞争力，提高了监理行业的管理水平和服务能力，为企业的发展奠定基础。

（二）行业需求——建筑行业趋势的发展

现在多数监理企业都延伸自身服务领域扩宽自身的业务范围，具有较强的统筹规划能力和现场管理经验。监理单位应通过全过程咨询服务获得较高的费用，及提高自身利润，进一步汇集更多专业性人才，带动整体行业专业技术和服务费用，加强企业核心竞争力，融合式发展，提升各项领域综合实力，加快与发达地区及国际管理模式的接轨。

（三）必行发展——发展之路刻不容缓

随着全过程工程管理的发展，借助政策的指引，以及建筑行业发展趋势，部分监理单位具备 MEPCT 全功能，提供全过程咨询、代建、项目管理等服务模式。已延伸至各个咨询业务服务板块中，拓宽了以项目管理为核心的业务领域，充分利用全过程管理中的重组、联合、互补等方法发挥全过程咨询的集聚力、核心力、辐射力、竞争力、影响力的作用。在监理企业内贯穿新模式、新理念、新格局、新阶段，多向选择找到转型路径，建立多专业、多层次、多元化的综合团队，促使监理企业健康而有序的发展，打

破监理行业现有的桎梏和局限性，将行业发展的趋势和国际的管理模式相融合，引领国内行业和企业发展之路。

在行业发展的趋势下，监理单位逐步走向项目管理和全过程咨询模式，通过开放的市场、有力的竞争、国际化的视野、专业的管理体系、优质的服务、信息化的创新和标准化的管理模式，保证了项目建设各项指标的效益。整个产业链的运行，建筑系统的运转，从各项体制的改革，透露着监理咨询这一行业的变革与发展，协同的平台是适应市场经济发展的必然选择。

六、全过程融合式发展之路，提升综合能力

（一）发展之路——联合体、超级咨询公司

目前全国各省在培育全过程咨询，有试点单位、项目。全过程咨询项目正在如火如荼地开展。由于全过程咨询工作对专业资质、组织机构、人员专业素质等要求极高，大部分企业依靠联合体，或者"1+1+N"某个、多个专业开展工作。总体来看全过程咨询仍处于快速发展阶段，面临的共性问题将会持续存在。

AECOM 全球咨询集团在国内也承接了许多大型项目，效果不错。究其根本 AECOM 对全过程工程咨询有超前的概念，其概念的理解是提供全生命周期的工程顾问服务，以满足业主的需求。具体涵盖五方面内容：

1. 前期研究和设计，包括项目定义、方案设计、编制功能描述书、可行性研究、投资规划。

2. 项目管理，包括项目集管理、设计管理、项目管理、财务法务管理支持。

3. 工程设计领域，包括技术规格说明、设计、详细设计、施工图、工程概预算。

4. 工程施工领域，包括监督、工料测量、施工管理、（项目总承包）合同管理。

5. 资产管理，包括运维方案、监控、设施管理、样品测量、数据整理。

AECOM 公司的理念和管理模式值得我们借鉴学习。

在全过程咨询发展需要集中各方位投资项目，更多地提供科学决策咨询、管理咨询，同时还需得到国资委、省市的大力支持，及社会各界的充分信赖，占领国内工程咨询行业的人才高地，拥有大批高水平的专家学者队伍，构建各项服务体系与全方位模式，形成具有特色的研究领域。

（二）发展建议

1. 抢占先机，先行发展——一步先、步步先

随着全过程咨询模式深入，高端智库是全过程咨询软实力的载体。随着全过程咨询百家争鸣，未来将会形成垄断局面。只有先行者不断开拓创新，才能在行业形成标杆。全面推动企业在全过程咨询试点项目，提升公司的竞争性，在全过程工程咨询服务发展中抢占先机，占领市场打造属于监理企业的全过程咨询的优势。

2. 多专业、多层次、多元化发展——裂变式的创新，质变式的企业形成

在全咨过程中发挥创造力与创新力。通过专业化技术、层次化管理、多元化发展理念和方向，形成企业的裂变，开拓市场，再次进行重塑，发生质变，进行资源整合、资本运作，达到全新的企业影响力。

从单一的监理业务拓展，延伸司法鉴定、造价咨询、招标代理、造价咨询、科技咨询、项目管理、第三方检测等多项业务。可供业主要求对工程其他各类领域提供技术服务。

3. 健康、绿色的发展——百舸争流的前进，行业环境的塑造

1）竞争：价值观（合理竞争、公平发展、取长补短、集优管理）

全过程咨询涉及的专业部门进行深入融合，合法、有序地开展高生产率建筑模式。将面向市场、法规先导、健康发展、稳步前进的准则，运用到项目建设各阶段管理实践中，刺激建筑行业新的竞争价值观。

2）引导：通过形成经典案例，依靠全过程咨询管理制度和手册及政策性文件

在建筑行业的平台中，通过高品质的综合服务模式，发挥经典项目引领作用，形成行业标准化的全咨案例项目，国家层面的大力扶持和政策性的文件，引导行业健康良性的可持续发展理念。

4. 融合创新式发展——兵器监理全咨体悟

近年来，随着公司的发展，在一些全过程咨询项目案例中，一直秉承"重视人才、以人为本、重视品牌、树立形象"的发展方针。从立项阶段积极调研、考察，确定各项目标，在实施过程中整合公司的招标、项目管理、监理及科技咨询、造价咨询、司法鉴定等资源，确立"以项目管理为核心"的组织机构。全过程管理以核心的竞争力，多种经营模式并存，聚焦绩效考核，实现差别化管理；聚焦风险管控，促进信息化建设生根；聚焦人才培养与引进，强化队伍建设，组建综合性、全面性、专业性的

全咨团队。

在项目实施阶段结合项目特点，完成项目管理实施策划、规划、细则、制度、流程，完成理论知识塑造，充分发挥全过程咨询"1"龙头的作用。按照合同约定，统筹安排，积极协调报建手续，实现项目建设前期和实施阶段衔接，高效便捷地解决和预防管理过程中的各项问题；优化设计方案，限额设计、节约投资、缩短工期；在实施阶段陆续引进BIM、无人机查勘、5D 等技术工具，信息智能化的运用、大数据管理等对项目风险进行预控。通过融合的策略和科学严谨的方式，发挥监理经验优势，对项目进行有效的管控，达到集约效果和全方位的平衡管理模式，使兵器建设监理咨询成为陕西省首批全咨试点单位之一。

结语

21 世纪建筑行业新的发展观正在重塑建筑行业发展模式，从独立到企业的融合，实现管理的规范化、制度化、科学化、程序化，从而达到科学管理、严控质量、节能环保、安全健康、持续改进、创建品牌的方针。

随着建筑行业的快速发展，各行业持续变革，增强核心竞争力，加强监理企业市场适应性。近年来，不管是外部市场环境，还是企业内部的自我变革，无不体现出监理企业转型升级的步伐越来越快。未来监理行业的发展在经历一番大浪淘沙般的洗礼后，全过程咨询必将得到显著提升和全面推广，在多元化的建筑行业背景下和通过建筑行业的资源配置倾向，项目实施模式也日趋多元化，以新型国际化的项目管理为核心的全咨模式将纷至沓来。

中国西部科技创新港
——监理创新纪实

王为民

陕西兵咨建设咨询有限公司

摘　要：如果说在过去的岁月，我们用辛勤的双手缔造了行业的宏伟大厦，那么现在，我们就要用充实的头脑来托举起行业阳光灿烂的明天，历史潮流浩浩荡荡，不进则退，唯有逆境求生存，转变观念，开拓创新，在突破中求发展，而监理管理创新正是不可或缺的一环，本文阐述项目监理机构在中国西部科技创新港的监理管理中的一些新观念、新思路，应用在实际工作中，取得了良好的成效，项目工程先后取得建设工程最高荣誉"鲁班奖"以及国优金奖，实现了社会价值，具有划时代的写实意义。

关键词：创新决策；技术创优；转变观念；监理；责任制

前言

中国西部科技创新港—智慧学镇（以下简称"创新港"）是教育部和陕西省人民政府共同建设的国家级项目，是陕西省和西安交通大学落实"一带一路"、创新驱动及西部大开发三大国家战略的重要平台，由西安交通大学与西咸新区联合建设，选址于西咸新区沣西新城，总占地面积23km^2，定位为国家使命担当、全球科教高地、服务陕西引擎、创新驱动平台、智慧学镇示范。

2017年初公司中标科技创新港监理项目，同时组建优秀项目监理机构入驻现场，在这片嗷嗷待哺、蓄势待发，充满希望的热土上，与各参建单位一道谱写了一曲可歌可泣的赞歌！

一、锐意进取、创新决策

作为一个在行业中摸爬滚打了近30年的老牌监理企业，要想在当今激烈的市场竞争机制下不被大潮所淹没，随波逐流可又时过境迁，唯有在创新中求生存，在突破中求发展，而项目管理创新正是不可或缺的一环，本文阐述项目监理机构在管理创新中的一些新思路和新举措，结合在西安交大创新港的实践应用，业已取得了良好的成效，提升了机构管理效能。公司将以创新为新的起点，锐意进取，不断改革创新，多创精品工程，争做行业楷模，为创新促进行业工程质量水平的提高做出更大的贡献。通过做好管理策划、组建优秀创新项目团队、明确创新目标、落实完善组织机构、过程管理控制等措施保证项目创优、创新。

正确的决策带来成效，工程于2017年开工历时700天，于2019年通过竣工验收，先后取得行业"华山杯"、2020年陕西建设工程"长安杯"、2020年度入选2020~2021年度第一批中国建设工程鲁班奖（群体鲁班奖）、2021年荣获2020~2021年度国家优质工程金奖，工程实现了既定目标

二、创新监理的实践与成效

1. 在不断地学习中探求工作创新

建立学习型组织，全面提升监理人员素养及职业道德水准，西安交大科技创新港监理部在成立初即成立学习园地，以监理大纲监理规划为指引，以各专业

监理实施细则为导向,深入浅出来融会各专业知识。监理部根据项目实施进展制定学习计划,每周安排有学习会,做到学习有记录会后有总结,比如由建筑信息管理 BIM 小组进行 BIM 知识培训,有系统地组织应用讲解;又比如安排安全工程师针对危大工程管理进行培训;再比如安排电气工程师讲解临时用电使用安全知识等,从而把学习型组织建立真正落到实处,通过学习全面提升了全员监理人员素养。针对监理部人员知识技能参差不齐现象,开展面对面交流,鼓励有专业知识丰富的来帮扶知识层面相对弱的,通过师徒式的交流沟通增进彼此友谊,起到传帮带作用。众所周知,目前所从事的监理大都经过了集中培训与考核,不缺乏书面的专业知识和理论,但往往书面知识并不能完全解决管理中所遇到的各类问题,针对一些技术疑难、复杂管理问题由总监牵头各单体、各专业人员互相交流探索,以学促知、以知促行,使问题得以圆满解决。

2.巩固法律、法规及强制性条文学习,学习计划根据工程进展来制定,针对工程的薄弱环节召开专题学习,明确规范标准,注重学习法规中的"释义"和相关联的背景材料。以用促学,以学促用,才能泰然面对和处理各类问题。

3.开展包容性学习活动,利用各种机会向相关方学习,监理在学习方面有得天独厚的条件,这就要求我们全体监理组成员能够参加的会议全体参加,能够参加的活动全部参加,融汇学习建设单位、施工单位、设计及勘察单位,乃至政府主管行政部门针对工程的处理措施或意见,从不同角度来观察事物的本身,融汇大家于一家,成为真正的复合

型技术人才。

4.由于本项目地处渭河滩沿岸相对偏僻,监理部人员多数驻留现场,为解决单调的生活更赋予多样性,除在组织一些业余活动基础上,开辟网上学习思路。将一些与工程阶段密切相关的专业知识通过网络供大家学习,做到信息共享,经验共享之目的,让大家在玩手机的同时,不知不觉中得到价值的启迪。同时鼓励大家在遇到一些问题无从入手,而又缺乏处理案例时,通过网络或报刊来拓展工作思路,取众家之所长集于一身,来弥补自身知识面的不足。

5.利用各类施工技术交底过程作为学习的新途径,要求各专业监理均必须以学习的心态来参加施工项目部组织的针对施工组织设计、方案交底学习会,熟悉和领会施工工艺及流程,同时也避免了交底走过场、走形式。

6.报验网络透明化

在监理验收工作中,施工方不能很好落实和执行三检制度,把监理当作其质检员的情况比比皆是,为此项目监理在监理验收中引入网络公示,在报验开始施工方在三方(建设、监理、施工)微信群里申报某某部位分项检验批验收申请,监理方接收申请,如未达到条件即回复说明原因,如达到条件即组织验收,验收过程中发现问题进行拍照,指出存在问题并发于微信群不同意本次验收,三方第一时间知晓验收结果,从而避免了一些扯皮现象,施工方的质量意识得到很大提高,三检制度得到了保证,显著提高了一次通过率。

7.隐蔽验收阳光化

提到隐蔽验收,就是指在房屋或构筑物施工过程中,对将被下一工序所封闭的分部、分项工程进行检查验收,大

家也会想到施工企业在经过"自检、互检、专检"后向监理提出工序检验批质量报验,专业工程师在检查复核质量标准后签署"同意隐蔽"方可进行下一道工序施工的过程,这里面有一定的验收人员主观判断因素,并不能完全客观反映事物的全貌,大家知道现实中的施工环境与设计及规范的要求标准存在一定差距,而隐蔽后又难以察觉前期本身,项目监理部在此方面通过隐蔽前拍照、隐蔽后留影存档等手段,有力地避免了一些人为错误的发生,给后续问题的查找提供了有力的保障,具有良好的追溯性。

8.报检"0小时"制度

针对本项目工期紧迫,为紧跟工程进展,落实建设单位工期目标要求,监理部实行了报检不过夜的报检制,即项目工程报检在施工单位自检合格的基础上,监理人员在掌握工序质量的前提下,在较短的时间内到达工地实行"0"小时报检到场制,突破了24小时对检验批及工序报检时间。经过实践起到了很好的效果,促进了工程的进展,得到了施工单位的欢迎,受到了建设单位的肯定和赞赏。

9.材料检验的封样库制度

保证施工质量材料的质量是基础,其重要性不言而喻,在实际的检查验收过程中,本项目实行封样库制度,在每个楼号监理封样库,针对每一批次材料进场,项目监理部在见证抽样送检的同时,多留一组试件存放于封样库,封样库的日常管理由监理部统一管理,样品留存至工程通过竣工验收之日。

10.安全联合验收制度

本项目推行安全联合验收制度,针对危险性较大分部分项工程,如模板支

撑体系、脚手架工程、施工升降机械等，由项目部技术负责人组织安全、质量、专业施工人员（分包单位）、专业监理等进行安全联合验收，验收合格签署联合验收表同意进行下道工序或使用，确保了施工安全。

11. 施工综合量化考核

针对本标段集中三家施工企业特点，项目部、监理部实行定期量化考核评分，得分在周例会中进行公示，对排名靠后单位起到警示作用，考核内容包括：人员到岗情况、安全施工管理、文明施工管理、质量与资料管理等，取得一定成效。

12. 会议PPT幻灯片模式

本项目每周四例会实行PPT模式，在幻灯片中针对进度、质量等进行柱方图和考核评比，形象生动穿插各类实景图片，把枯燥单调的会议变成大家喜闻乐见的事情，提高了大家的会议兴趣，达到了喜欢做不爱做的事、喜欢听不愿意听的话，给问题解决提供了和谐的环境条件。

13. 公示牌制度

本项目在显著位置立有公示牌，内容分为两大区块，提示栏和警示栏，提示栏主要张贴现阶段施工在质量和安全方面应注意事项，警示栏是针对一些施工问题的现场照片，起到警示作用，避免重复再犯或预警，提高了项目部自觉管理意识，促进了施工质量及过程安全。

三、技术创优促进监理创新

公司在技术层面全方位介入项目监理工作，设立创新控制点全程指导监控，总工办、工程部等各部门负责联动，会同项目部工作策划，引领工作创优。

1. BIM建筑模型信息化技术的监理应用

追赶当前新技术、熟练掌握新应用对于自我也是一种挑战创新，打破老思路构建新架构更是一类创新，本项目作为国家首个全过程BIM应用示范工地，在监理工作中全面引入BIM技术，对于项目监理部来说具有开天辟地的意义，涉及质量、安全、进度等方面需切入BIM技术融合，管理应用中虽增加了监理工作负荷，但也带来一定便利，比如施工场地布置审核、设计变更审核、综合布管审查、复杂施工节点下的安全评估等，提升了监理审核科学性及预控性。通过协调将各相对独立各自为政的应用体系进行项目范围内融合，监理起到了桥梁沟通作用。通过细致收集建筑信息模型（BIM）的多项信息，包括几何结构、空间关系、地域性信息、建筑物组件数量及特性等，用到项目监理BIM管理工作中。实现了对建筑更充分的直观掌控，过程中建立有BIM工作室，编制有BIM技术应用监理实施细则，审核BIM实施方案并监督执行，最终形成监理BIM工作总结，为项目的BIM技术应用成败起到了关键作用。

2. 高支模架体安全监理

总工办全面介入重点部位的危大工程创新管理，本项目5号文科楼2号会议中心，位于8区和10区之间，会议中心平面面积在2500m²，净高14m，最大梁高跨在1600mm×24000mm，属于超危大分部分项工程，为防止在混凝土浇筑过程对架体不利荷载对架体的破坏，项目部引入第三方安全监测，设置监控点及预警值，通过科学手段、数据分析，确保了高支模安德固架体在浇筑屋面混凝土时的安全稳定。

3. 大体积混凝土温控创新检测

重点完善质量监理，为解决大体积混凝土浇筑过程中水化热对浇筑质量的影响，在5号楼基础大体积混凝土浇筑过程中，项目部引入第三方温控检测，在浇筑前在钢筋骨架中布设测温元件及导线，利用便携式测温仪器，对浇筑时的大气温度及混凝土构件内的温度进行计算分析，预设报警值，给浇筑过程及后期养护的温度控制提供了保障，有效防止了不利温度对混凝土质量的影响，确保了结构工程质量。

4. 框柱模板加固使用工具式抱箍

与项目部一起参与新技术的论证，框柱模板加固使用工具式抱箍，减少柱截面内加固螺杆使用的同时，也能保证柱的截面几何尺寸，提高整体感观效果。同时也节省了工人的劳动强度，提高了工作效率。

5. 大型数控自动调直弯箍一体机的新技术应用

为保证质量加快进度，在结构施工箍筋加工中，投入大型数控自动调直弯箍一体机，箍筋及直径小于12mm的板筋板筋采用数控自动调直弯箍一体机进行加工，节省劳动力投入，也能保证钢筋加工精度。

6. "ADG安德固"自锁式模块脚手架

"ADG安德固"自锁式模块脚手架是北京安德固公司（西安公司）从法国引进了具有国际先进水平的模块脚手架技术，依据中国市场需求开发制造了"ADG安德固"自锁式模块脚手架系列产品，该产品具有结构科学、经济环保、使用周期长、应用领域广泛的优点，本工程大量应用在模板支撑体系、上人安全通道等部位，给危大工程施工提供了有力的安全保障。

7. 卫生间地槛、构造柱使用铝膜板，操作简便，重复使用，节省了材料及人工。

8. 楼层垃圾垂直运输通道

在防尘减霾形势日趋紧迫的今天，为有效解决楼层高空垃圾抛洒，给环境扬尘控制带来的影响，5号楼研发垂直运输通道及垃圾收集房，取得了环保、绿色、文明效果。

9. 施工电梯人脸（指纹）识别系统

在实际施工中施工电梯发生安全事故情况屡见不鲜，而无证操作导致施工的频率占多数，为防止无证操作，项目部在施工电梯中安装人脸识别系统，只有有证备案人员才能开启。

10. 塔吊安全运行系统

由于本项目塔吊众多，一个楼号塔吊在6~10台，为有效管理塔吊，项目部对每台塔吊安装有安全运行系统，针对每天的运行时间及违章次数均记录在案，同时通过无线网络终端将各类实时数据发至管理者手机中，方便管理者进行管理。

11. 安全之声

本项目在明显人员集中路口位置设置有"安全之声"广播，实现红外感应开启，一旦进入有效范围，触动感应广播开启，主要讲解进入现场的一些基本安全知识，起到耳闻目宣的效果。

12. 劳动者服务站模式

本项目各楼号建立劳动者服务站，站内设置有休息室及临时铺位，基本设施到位，解决了进城务工人员劳动之余的休息活动场所，在人文关怀上实现了创新。

四、监理内部管理中的创新思路

1. 实现全员安全责任制

管专业必须管安全，明确负责专业工程师是该专业安全第一责任人，本楼号总代（主管）负责本区域的安全总体，并签署人员安全责任承诺书，具体明确本人在安全管理中所需履行的各项安全职责，提高人员安全监督管理主动性。

2. 网上办公审验制度

利用钉钉软件实行网上审批报验制度，比如材料报验、工序验收等监理工程师在验收审查通过后第一时间网上确认，同时建设单位也能及时掌握项目进展。

3. 定期个人日志评价制度

总监定期对全组人员的个人黄皮日志进行检查，同时针对黄皮日志记录中存在不妥或问题进行书面评价，提高全员的日志记录水平，起到了一定效果，反响正面积极。

4. "窗口"教育

作为监理企业窗口单位，我们监理部的每一名成员在日常工作中均需与第三方单位发生接触，每一个人的行为、每一个举动都直接影响到一个企业的形象，本项目在进场之初就教育宣传每一个人员均应具有"窗口"意识、"窗口"观念，并付诸实际行动中，切实履行好自身职责，做好监理服务，把"窗口"作为形象展示、企业展示，工作取得显著成效。

5. 紧跟时事，牢记使命，不忘初心

做好创新工作离不开个体精神层面的正确引导，强化爱岗敬业与职业道德教育，紧跟社会政治形势，拓展学习面，监理部牢牢抓住党的十九大精神学习，开展有声有色的学习活动，积极组织建设单位或施工单位的各类学习会议，作为全员精神洗礼，在自我岗位上"不忘初心，牢记使命"从而提高全员的社会责任感和进取心，从而付诸到项目实际监理工作中。

结语

虽然创新监理在应用实践取得了一定成效，但创新工作永无止境，毕竟实践才是检验真理的唯一标准，唯有踏实从基础工作做起、自我做起。项目监理机构也正是创新工作开展的最好平台，以学促知，以知促行，用创新思维来武装的机构团体必将战无不胜，监理创新事业必定蓬勃发展。

城市轨道交通领域推行"工程总监理"之我见

郑旭日

中铁华铁工程设计集团有限公司

摘　要：为解决工程咨询服务"碎片化"问题，国家鼓励发展全过程工程咨询，并在住宅、医院、体育场、市政等行业取得较成功的效果。然而在城市轨道交通行业，现阶段运用全过程工程咨询模式条件尚不成熟，存在诸多风险和困难。若借鉴工程总承包的成功经验，在其设备工程中推行"工程总监理"，可以在一定程度上解决监理服务"碎片化"问题，发挥工程监理的项目管理和综合协调作用，再通过一段时间实践探索和总结，逐步过渡到全过程工程咨询。

关键词：城市轨道交通；设备工程；工程总监理；全过程工程咨询

引言

为进一步完善工程建设组织模式，提高投资效益、工程建设质量和运营效率，国家发展改革委联合住房城乡建设部印发《关于推进全过程工程咨询服务发展的指导意见》（发改投资规〔2019〕515号），在建设领域推进全过程工程咨询服务。然而在城市轨道交通行业，因其参建单位多、专业接口复杂、安全管控难度大等原因，推进全过程工程咨询服务条件尚不成熟，但可以因势利导、积极探索，尝试推行工程总监理发包模式，并由此逐步过渡到推行全过程工程咨询服务。

一、城市轨道交通设备工程概述

（一）设备工程专业范围

根据《城市轨道交通技术规范》GB 50490—2009，城市轨道交通包含内容划分为车辆、土建和机电设备三大类，其中机电设备包括供电系统、通信系统、信号系统、通风空调与采暖系统、给水排水与消防系统、火灾自动报警系统、环境与设备监控系统（BAS）、自动售检票系统、自动扶梯与电扶、站台屏蔽门10个专业，机电设备安装工程也可称为设备工程。随着城市轨道交通工程技术发展，设备工程范围陆续增加了综合监控系统、乘客信息系统、门禁系统等专业，有的城市亦将轨道专业划入设备工程范围，见图1。

（二）设备工程专业的特点

城市轨道交通工程是一个投资规模巨大、专业复杂的综合性系统工程，其中土建工程与设备工程是紧密联系的"有机体"，土建工程形成了系统的"基础与构架"，设备工程形成了"中枢与功能"，其中，设备工程具有以下突出特点：

1. 承担运营服务主要功能

设备工程承担着安全、准时、便捷地运输乘客的基本功能。一是控制中心、车辆的牵引供电、车地通信、列车追踪及安全防护等行车调度功能；二是乘客信息系统（PIS）、导向标识、电扶梯、通风空调、动力及照明等乘客出行服务功能；三是自动火灾报警系统（FAS）、

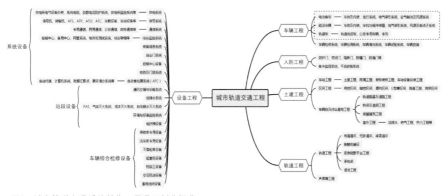

图1 城市轨道交通系统单位工程通用划分标准

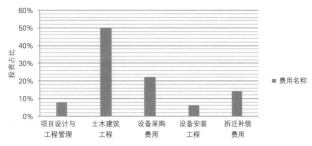

图2 城市轨道交通工程投资一般构成表

化、自动化、智能化、集成化的特征更加明显，安装调试涉及专业多，结构层次及接口关系更加复杂。

5. 风险控制难度大

由于设备工程是多技术的综合载体，实施过程中涉及的地理空间范围更广、专业间关联度更高，其形成过程中存在的不可预见性的不确定因素多、敏感性更强，由此形成的风险因素多、波动性大、隐蔽性强，隐含的问题不易诊断和处理等。按照"衍生"与"积累"效应，风险因素失控后的表现形式多、传递性强、影响广、损失大。因此，设备工程比起其他领域的工程，风险控制环节更多、控制难度更高、处理修复挽救的难度更大。

二、为什么要推行设备工程总监理模式

（一）工程监理发包模式对比

目前，城市轨道交通设备工程监理服务的发包模式，主要有单专业监理、多专业监理、总监理发包模式，其中单专业监理、多专业监理发包模式目前比较常用，工程总监理模式应用较少，但已在深圳、武汉、石家庄等城市探索应用，并获得良好的成效，初步效果分析见表1。

环境与设备监控系统、紧急疏散系统等突发情况下确保乘客安全的功能等。

2. 投资规模较大

随着人民对美好生活的向往和科技进步，建设项目的资金中设备比重会逐渐增大。城市轨道交通工程设备采购及安装工程费，投资规模占比也有增大的趋势，目前一般占项目建设投资的25%~35%，见图2。

3. 与行车安全密切相关

安全是城市轨道交通运营的生命线，而行车安全又是城市轨道交通运营安全中最重要、最核心的内容，事关乘客的生命财产安全，社会关注度极高。由于城市轨道交通列车高度依赖于车辆、供电、通信、信号等设备专业系统，一旦在运行线路上发生故障或者事故，就会造成整条线路的运营中断，甚至可能影响其他线路的正常运营，而且在较短时间内难以恢复正常。行车安全是衡量城市轨道交通系统设备工程各专业协同性、可靠性和运营管理水平的关键指标。

4. 多种专业技术的综合性

设备工程是相互联系密切的多种专业技术的综合体，一般都要涉及机械、电气传动、自动控制、液压、仪表、计算机等各大领域技术，具有很强的专业性，决定着设备工程的经济性、实用性、使用性。随着技术的不断进步，设备工程的系统性（成套性、和谐性）、精密

城市轨道交通系统设备工程监理发包模式对比分析表　　　　　表1

发包模式	特点	优点	缺点
单专业模式	1.按照专业不同，分别委托监理单位； 2.监理合同数量多	1.责任范围小，各专业边界责任清晰； 2.有利于培养建设单位专而精的技术人才	1.易形成专业间壁垒，各专业将本专业放在优先、最重要的位置； 2.建设单位管理跨度大、协调工作量大，需要配备强大的建设管理力量
多专业模式	1.按强、弱电等划分原则，将相近多专业打包成一个监理合同包； 2.监理合同数量较少	1.建设单位管理合同数量减少，协调工作量有所减少； 2.监理单位管理范围加大	1.建设单位协调量大，监理单位协调权仅限于有限的被监理单位； 2.对建设管理综合能力要求高
总监理模式	所有系统设备专业委托一家监理单位	1.合同责任范围清晰，建设单位协调量很小； 2.有利于培养大型综合性监理企业，有利于探索全过程工程咨询服务新模式	1.对监理单位依赖度高，风险较高； 2.对监理单位项目管理水平及综合能力要求高

（二）设备工程总监理模式及其特点

设备工程总监理模式，是指充分借鉴和吸取工程总承包方式的优点，按照与建设单位签订的合同，对设备工程项目的设计、采购、储存、制造、安装、调试和验收等阶段，提供质量、进度、投资控制，以及合同、信息管理服务，根据建设单位明示的需要提供技术咨询、管理咨询等，并承担建设工程安全生产的监理责任。

设备工程总监理模式特点突出体现在三个维度上，一是专业维度，涵盖所有设备系统专业，具有综合性特点；二是阶段维度，包括设计、采购、储运、制造、安装、调试和验收等阶段，具有全过程特点；三是职能维度，包括投资、进度、质量控制，以及合同管理、信息管理及沟通协调等，参见图3。

（三）推行设备工程总监理模式的意义

需求的变化催生供给方式和能力的变革，供给能力提升诱导着需求的增加，这是个循环、上升的过程。推行设备工程总监理，有利于监理企业适应供给侧结构性改革要求，促进工程监理方式的变革；有利于培育全过程工程咨询企业，提升工程建设管理综合服务能力。

1. 有利于建设单位减少管理跨度

城市轨道交通系统设备工程涵盖近20个专业，众多设计单位、施工单位、监理单位、设备集成及供货单位等参与其中，合同数量大，管理跨度大，采用工程总监理模式，项目监理机构会成为建设单位的"系统集成管理部"，承担一部分建设管理职能，建设管理结构会更加合理，这种"扁平化"的结构特点，将大大提高管理效率。

2. 有利于减少建设单位协调工作量

采用工程总监理的模式，项目监理机构将拉通各专业之间的鸿沟，将"外部接口"转变为工程总监理方式下的"内部接口"，全面掌握各专业的技术接口、进度衔接、质量差异、接口处工程量是否重复等情况，成为建设单位各专业主管之间的信息平台和协调平台，减少了建设单位大量的组织调度、沟通协调工作。

3. 有利于节约工程监理费支出

虽然工程监理实行市场调节价后，监理服务费价格引入了市场化机制，但是监理服务费投标控制价的主要基础依然是依据《建设工程监理与相关服务收费管理规定》，施工监理服务收费折合费率依然是随计费额的增加而呈现下降趋势（图4）。

采用工程总监理模式将节省工程监理费用支出约15%~25%。此外，还可以减少多次发包的合同成本，工程总监

理机构还可以促进优化设计方案，进一步提高投资效益。

4. 有利于探索发展全过程工程咨询服务

在需求导向下，城市轨道交通系统设备工程监理范围已从施工阶段向设计、采购、制造、储运及运维等阶段延伸。若采用工程总监理模式，在勘察设计早期介入，可以充分了解建设需求，控制设计输入、设计深度及接口符合性，减少设计变更，为全过程工程咨询打下良好基础。

5. 有利于促进工程监理变革与发展

建设单位对监理服务需求的新变化，推动着工程监理的变革与发展。优秀的监理企业，能够具备国际视野，推动监理企业的组织变革、动力变革、方式变革；能够更好适应和引导建设单位需求，利用信息化工具，创新监理服务方式，提升建设项目管理效率；能够善于化解建设责任风险，更好提升建设投资效益，实现与建设单位的价值共生。

三、工程总监理单位的选择与管理

推行工程总监理模式，关键是选择好工程总监理单位并拟定好委托合同条

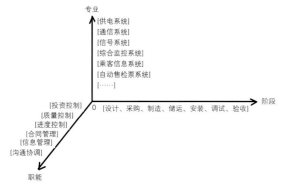

图3　城市轨道交通系统设备工程总监理模式示意图

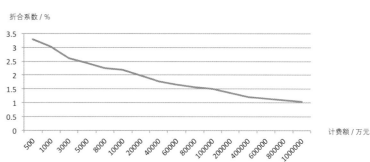

图4　施工监理费收费折合费率曲线表

款，包括约定工程总监理的目标，设定项目监理机构主要人员的条件要求，并对其管理体系建立及保持提出质量要求，明确成果输出及评估考核的要求，以及工作纪律及廉政建设要求等。

（一）优选工程总监理单位

1. 较高的抵御风险能力

在提交履约保函的同时，适当考虑监理投标人的注册资本金，应不低于该工程总监理合同额的 2 倍。过低的注册资本金，说明其体量和能力不具备与合同规模相适应的抵御风险能力。

2. 较高的资质条件

考虑城市轨道交通系统设备工程的专业特点，应设置与之相适应的资质条件。一是设备工程总监理单位应同时具备"双证"资质，即建设监理甲级及设备监理甲级资质；二是设备工程总监理机构的负责人应同时具备"双证"资格，即注册监理工程师证和注册设备监理师证。

3. 设备工程全专业监理业绩

工程总监理单位应具有涵盖城市轨道交通系统设备工程全专业的监理业绩，包括供电系统、通信系统、信号系统、综合监控（ISCS）、乘客信息系统（PIS）、通风空调与采暖系统、给水排水与消防系统、动力与照明系统、火灾自动报警系统（FAS）、环境与设备监控系统（BAS）、自动售检票系统、电扶梯、站台门等主要专业的监理业绩。

（二）高水平的总策划及实施细则

设备工程总监理单位中标后，应做好工程总监理工作总体策划，明确各阶段工程监理工作程序及内容，并深化到监理规划及监理实施细则。各阶段监理工作具体内容包括三个维度：第一个维度是建设过程，划分为设计阶段、采购阶段、制造阶段、施工阶段和缺陷责任期；第二个维护是工作内容，包括准备阶段、实施阶段监理工作内及主要监理成果文件；第三个维度是职能维度，包括质量控制、进度控制、投资控制，以及合同管理、信息管理及组织协调等。

（三）强化工程总监理履约考核

工程总监理的履约考核是确保合同正常履行的重要监督与考核方式，采用日常考核与定期考核方式，考核成果的运用在合同中约定，主要考核内容包括：

1. 监理质量保证体系

考核内容包括工程总监理项目管理体系文件的建立及保持情况，监理规划及监理实施细则的适用性、针对性、完整性及实施情况，另外还有工程总监理机构的人员情况、设备情况、岗位职责与工作计划、计划落实与工作考核等内容。

2. 工程质量控制

考核内容包括对设计方案优化的控制，对设计阶段、采购阶段、制造阶段及施工阶段的质量的控制情况，施工阶段开工条件核查工作、测量控制工作、工程材料与构配件质量控制工作、施工过程控制工作、验收控制工作、质量事件控制工作、工艺试验控制工作等。

3. 进度控制

考核的总体目标是总体工程进度计划的控制，进度调度协调机制的建立与实施情况，与前期拆迁补偿工作的沟通衔接情况，各设计、采购、制造、施工阶段进度计划的协调性，进度计划执行中的组织协调、控制预警与纠偏措施落实情况等。

4. 投资与造价控制

考核内容包括投资概算、设计预算的合理性、符合性、完整性的审核，设备采购投资控制、工程量清单管理、工程量计量控制、工程支付控制工作等。

5. 其他合同事项

主要包括工程变更控制工作、工程洽商与索赔的审核与控制工作、工程延期、索赔控制工作等。

6. 监理资料

主要包括项目设计质量计划审查报告、设计进度总计划审查报告、项目设计总体方案的审查报告、系统设备厂商调查报告、质量保证体系审查报告、系统应用软件及网络设备审查报告、生产进度计划审查报告、制造质量控制计划审查报告、生产进度及质量的定期监理报告、设备采购监理工作总结报告、质量问题整改通知单、监理工程师通知单、监理月报、工程质量评估报告等。

7. 项目廉政建设和工作纪律

主要考核内容一是项目廉洁与监督体系建立情况，包括成立项目廉洁监督管理机构，建立项目监理人员廉洁自律承诺制度、监督公示、定期回访及举报核查制度；二是项目廉洁建设制度的落实情况，与被监理单位的定期回访中发现问题线索的处理情况等。

参考文献

[1] 陈兴华 . 地铁设备监理 [M]. 北京：中国铁道出版社，2007.

[2] 国家发展改革委价格司，建设部建筑市场管理司，国家发展改革委投资司 . 建设工程监理与相关服务收费标准使用手册 [M]. 北京：中国市场出版社，2007.

[3] 颜永兴 . 监理服务向全过程工程咨询服务转型升级的思考 [M]// 中国建设监理协会 . 中国建设监理与咨询40. 北京：中国建筑工业出版社，2021.

工程监理在全过程工程咨询中如何实现作用最大化

程光军　王田馨

华春建设工程项目管理有限责任公司

摘　要：针对工程监理的发展现状，结合多年在建筑行业的实践经验，阐述了如何最大限度地发挥工程监理在全过程工程咨询管理中的作用，希望能为业内同仁提供参考。

关键词：工程监理；全过程工程咨询服务；作用最大化

2017 年 2 月，《国务院办公厅关于促进建筑业持续健康发展的意见》（国办发〔2017〕19 号）明确提出"培育全过程工程咨询"，这也是在建筑工程的全产业链中首次明确"全过程工程咨询"这一理念。2019 年 3 月，国家发改委、住房城乡建设部又联合印发了《关于推进全过程工程咨询服务发展的指导意见》（发改投资规〔2019〕515号），明确了开展全过程工程咨询的组织模式、实施计划、工作要求等，指明了工程行业推行全过程咨询的发展方向和实施路径。

工程建设行业的不断发展和业主对全过程工程咨询服务需求的进一步提升，工程监理企业和从业人员在全过程工程咨询服务中将接受新的考验和挑战。现阶段，工程监理企业和从业人员如何最大化地在工程全过程咨询服务过程中发挥更大作用，是我们值得深思的问题，全过程工程咨询对现阶段工程监理企业和从业人员有十分重要的现实意义。

一、全过程工程咨询服务的内涵及优势作用

伴随着国家工程咨询服务市场化、专业化快速发展，形成了投资咨询、招标代理、勘察、设计、监理、造价、项目管理等咨询服务业态。随着我国固定资产投资项目建设水平逐步提高，为更好地实现投资建设意图，投资者或建设单位在固定资产投资项目决策、工程建设、项目运营过程中，对综合性、跨阶段、一体化的咨询服务需求日益增强。这种需求与现行制度造成的单项服务供给模式之间的矛盾日益突出。因此，有必要创新咨询服务组织实施方式，大力发展以市场需求为导向、满足委托方多样化需求的全过程工程咨询服务模式。与此同时，随着信息化技术的发展，丰富的信息化平台出现为全过程工程咨询服务的开展带来了重要的支持，运用全过程工程咨询这样的模式为业主提供一体化的咨询服务，从而满足业主规避自身对工程建设管理风险方面的要求，这也是工程咨询行业未来的主要发展方向。目前国家鼓励造价、设计、勘察等企业通过并购、重组、联合经营等方式来进行全过程工程咨询工作，建设出一批具备较高水平的咨询企业。

二、法律法规及监理合同对工程监理的定位

（一）法律法规对工程监理的定位

建设单位委托具有相应资质条件的工程监理企业组成项目监理机构。项目监理机构以总监理工程师为负责人，依照法律、行政法规及有关的技术标准、设计文件和建设承包合同，对承包单位在施工质量、建设工期和建设资金使用等方面。监理机构代表建设单位实施监督，履行法定的安全文明监理职责。

（二）监理合同对工程监理的定位

"监理"是指监理人受委托人的委托，依照法律法规、工程建设标准、勘

察设计文件及建设工程监理合同、建设工程总承包合同等，在施工阶段对建设工程质量、进度、造价进行控制，对合同、信息进行管理，对工程建设相关方的关系进行协调，并履行建设工程安全生产管理的法定和合同约定的监理职责。建设工程监理是一项高智能的有偿技术服务，在国际上把这类服务归为工程咨询、工程顾问服务，属于业主方项目管理的范畴。

三、工程监理的作为与不作为

（一）监理应该做的重点工作（即监理的作为）

1.法律法规的规定的作为

工程监理单位应当选派具有相应资格的总监理工程师和监理工程师进驻施工现场，监理工程师应当按照工程监理的规范要求，采取旁站、巡视和平行检验等监理手段对建设工程实施监理。工程监理单位在实施监理过程中，发现存在安全隐患的，应当要求施工单位整改；情况严重的，应当要求施工单位暂时停止施工，并及时报告建设单位。施工单位拒不整改或者不停止施工的，工程监理单位应当及时向有关主管部门报告。

2.监理合同（示范文本）约定的作为

除专用条件另有约定外，监理工作内容包括如下内容：①收到工程设计文件后编制监理规划，并在第一次工地会议7天前报委托人，根据有关规定和监理工作需要，编制监理实施细则；②熟悉工程设计文件，参加由委托人主持的图纸会审和设计交底会；③参加由委托人主持的第一次工地会议、主持监理例

会，并根据工程需要主持或参加专题会议；④审查施工承包人提交的施工组织设计，重点审查其中的质量安全技术措施、专项施工方案与工程建设强制性标准的符合性；⑤检查施工承包人工程质量、安全生产管理制度及组织机构和人员资格；⑥检查施工承包专职安全生产管理人员的配备情况；⑦审查施工承包人提交的施工进度计划，检查承包人对施工进度计划的调整；⑧检查施工承包人的试验室；⑨审核施工分包人资质条件；⑩查验施工承包人的施工测量放线成果；⑪审查工程开工条件，对条件具备的签发开工令；⑫审查施工承包人报送的工程材料、构配件、设备质量证明文件的有效性和符合性，并按规定对用于工程的材料采取平行检验或见证取样方式进行抽检；⑬审核施工承包人提交的工程款支付申请，签发或出具工程款支付证书，并报委托审核、批准；⑭在巡视、旁站和检验过程中，发现工程质量、施工安全存在隐患的，要求施工承包人整改并报委托人；⑮经委托人同意，签发工程暂停令和复工令；⑯审查施工承包人提交的采用新材料、新工艺、新技术、新设备的论证材料及相关验收标准；⑰验收隐蔽工程、分部分项工程；⑱审查施工承包人提交的工程变更申请，协调处理施工进度调整、费用索赔、合同争议等事项；⑲审查施工承包人提交的竣工验收申请，编写工程质量评估报告；⑳参加工程竣工验收，签署竣工验收意见；㉑审查施工承包人提交的竣工结算申请并报委托人；㉒编制、整理工程监理归档文件并报委托人。

3.现场监理工作的重点

按照委托监理合同约定，在施工现场建立和完善项目监理机构，明确岗位

职责，设置专职或兼职安全监理人员，各类监理人员和数量满足建设工程监理工作需要。组织监理人员培训，学习涉及监理的相关法律法规，设计文件、建设工程施工承包合同、监理合同、工程标准规范等。编制监理规划和细则，明确监理工作制度、内容程序、方法和措施、进行工程交底。监理工作程序化、标准化。正确运用审查核验、日常巡视、定期检查和专项检查、告知、监理例会、专题会议、监理指令、监理报告、监理日志及监理周报、监理月报等监理手段。全面履行制定文件、审查核验、检查督促、指令报告四方面安全监理职责。监理工作有迹可循监理资料及时收集、真实完整、分类有序、妥善保管。在实施监理过程中，发现存在安全质量事故隐患的，应当要求施工单位整改；情况严重的，应当要求施工单位暂时停止施工，并及时报告建设单位。

（二）工程监理的不作为行为

①未按照法律、法规和委托监理合同履行监理职责并造成不良后果的；②监理人员在现场发现施工企业有违章指挥、违章作业行为，不予以制止、不责令立即整改的；③发现工程存在安全隐患，总监理工程师未发布暂停施工指令的；④工程监理企业未审查施工企业安全措施并督促施工企业建立健全安全组织保障体系和安全管理制度、未进行安全教育和安全交底的；⑤违反监理合同约定的其他不作为行为。

四、工程监理向全过程工程咨询转型的必要性

（一）提高效率的必要性

现行工程建设组织方式把投资咨

询、环境评价、勘察、设计、监理、招标代理及造价等工程咨询业务碎片化，分别委托不同企业，造成反复招标，前期工作程序冗长，不利于工程项目建设，有必要推进工程建设组织方式改革，采用集约化方式，整合工程咨询业务，统一委托一家企业提供全过程工程咨询服务，简化程序，提高资源整合效率，加速工程项目建设。

（二）提高质量的必要性

碎片化带来众多项目相关责任主体职责不清、相互扯皮、上下脱节，给业主组织协调和监督管理造成困难，进而影响工程质量。采用全过程工程咨询，可以简化业主与工程咨询方的关系，理清职责，方便监管，改进工程咨询服务质量。

（三）节约投资的必要性

碎片化带来工程费用难计其数，不断超过投资概算，业主不得不追加投资，增加投资风险。采用全过程工程咨询可以有效降低管理成本，减少工程建设支出，节约工程投资。

（四）廉政建设的必要性

当前工程建设领域是贪污腐败案件的多发区，碎片化也派生了更多风险点，难以监管，容易滋生腐败。有必要采用全过程工程咨询，大幅度减少廉洁风险点，铲除滋生腐败的温床。

五、工程监理向全过程工程咨询转型的重要性

（一）有利于发挥投资效率

采用全过程工程咨询可以有效缩短建设周期，改进工程咨询质量，提升工程建设水平，降低工程造价，节约工程投资，帮助业主获得更好的投资回报。

（二）有利于建筑业转型升级

全过程工程咨询是建筑业供给改革的重要内容，是建筑业转型升级的必由之路，可以帮助企业重组融合，研发创新，流程再造，降低生产经营成本，提高劳动生产率，培养创新型人才和复合型人才。

（三）有利于优化投融资环境

采用全过程工程咨询可以将招标投标环节减少，政府相应审批减少，促进投融资环境改善。

（四）有利于建筑业走出去

大量采用全过程工程咨询，可以造就一支与国际接轨的工程咨询队伍，进一步发挥湖南人才优势，推动湖南工程咨询企业走出去，服务"一带一路"战略，服务全球工程项目建设。

六、工程监理全过程工程咨询如何实现作用最大化

（一）推动监理企业依法履行职责。

工程监理企业应当根据建设单位的委托，客观、公正地执行监理任务，依照法律、行政法规及有关技术标准、设计文件和建筑工程承包合同，对承包单位实施监督。建设单位应当严格按照相关法律法规要求，选择合格的监理企业，依照委托合同约定，按时足额支付监理费用，授权并支持监理企业开展监理工作，充分发挥监理的作用。施工单位应当积极配合监理企业的工作，服从监理企业的监督和管理。

（二）引导监理企业服务主体多元化。

鼓励支持监理企业为建设单位做好委托服务的同时，进一步拓展服务主体范围，积极为市场各方主体提供专业化服务。适应政府加强工程质量安全管理的工作要求，按照政府购买社会服务的方式，接受政府质量安全监督机构的委托，对工程项目关键环节、关键部位进行工程质量安全检查。适应推行工程质量保险制度要求，接受保险机构的委托，开展施工过程中风险分析评估、质量安全检查等工作。

（三）创新工程监理服务模式。

鼓励监理企业在立足施工阶段监理的基础上，向"上下游"拓展服务领域，提供项目咨询、招标代理、造价咨询、项目管理、现场监督等多元化的"菜单式"咨询服务。对于选择具有相应工程监理资质的企业开展全过程工程咨询服务的工程，可不再另行委托监理。适应发挥建筑师主导作用的改革要求，结合有条件的建设项目试行建筑师团队对施工质量进行指导和监督的新型管理模式，试点由建筑师委托工程监理实施驻场质量技术监督。鼓励监理企业积极探索政府和社会资本合作（PPP）等新型融资方式下的咨询服务内容、模式。

（四）提高监理企业核心竞争力。

引导监理企业加大科技投入，采用先进检测工具和信息化手段，创新工程监理技术、管理、组织和流程，提升工程监理服务能力和水平。鼓励大型监理企业采取跨行业、跨地域的联合经营、并购重组等方式发展全过程工程咨询，培育一批具有国际水平的全过程工程咨询企业。支持中小监理企业、监理事务所进一步提高技术水平和服务水平，为市场提供特色、专业化的监理服务。推进建筑信息模型（BIM）在工程监理服务中的应用，不断提高工程监理信息化水平。鼓励工程监理企业抓住"一带一路"的国家战略机遇，主动参与国际市场竞争，提升企业的国际竞争力。

（五）优化工程监理市场环境。加快以简化企业资质类别和等级设置、强化个人执业资格为核心的行政审批制度改革，推动企业资质标准与注册执业人员数量要求适度分离，健全完善注册监理工程师签章制度，强化注册监理工程师执业责任落实，推动建立监理工程师个人执业责任保险制度。加快推进监理行业诚信机制建设，完善企业、人员、项目及诚信行为数据库信息的采集和应用，建立黑名单制度，依法、依规公开企业和个人信用记录。

（六）强化对工程监理的监管。工程监理企业发现安全事故隐患严重且施工单位拒不整改或者不停止施工的，应及时向政府主管部门报告。开展监理企业向政府报告质量监理情况的试点，建立健全监理报告制度。建立企业资质和人员资格电子化审查及动态核查制度，加大对重点监控企业现场人员到岗履职情况的监督检查，及时清除存在违法、违规行为的企业和从业人员。对违反有关规定、造成质量安全事故的，依法给予负有责任的监理企业停业整顿、降低资质等级、吊销资质证书等行政处罚，给予负有责任的注册监理工程师暂停执业、吊销执业资格证书、一定时间内或终生不予注册等处罚。

（七）充分发挥行业协会作用。监理行业协会要加强自身建设，健全行业自律机制，提升为监理企业和从业人员服务能力，切实维护监理企业和人员的合法权益。鼓励各级监理行业协会围绕监理服务成本、服务质量、市场供求状况等进行深入调查研究，开展工程监理服务收费价格信息的收集和发布，促进公平竞争。监理行业协会应及时向政府主管部门反映企业诉求，反馈政策落实情况，为政府有关部门制定法规政策、行业发展规划及标准提出建议。

七、工程监理全过程工程咨询在建设工程各阶段可发挥的作用

（一）在投资决策阶段的作用

工程项目的投资决策阶段，是对拟建项目进行必要性和可行性论证的重要阶段，这一阶段的工作质量直接影响建设项目的成功与否，更是决定着投资方在工程建设中能否获得预期的总体效益目标。投资方在工程项目的决策阶段，需要针对工程项目开展大量的理论、技术、可行性及经济论证，因此投资方很有必要寻找专业的服务机构，帮助投资人把好工程项目的投资决策关。工程监理在决策阶段需提早介入，利用丰富的类似工程经验和专业技术能力，站在投资方的角度，做好项目的投资机会研究分析、投资估算、可行性研究报告，提高建设工程投资决策的科学化水平，协助投资方选择优质的参建机构，并对咨询结果进行专业化评估。笔者曾参与一个房地产公司的二层地下室项目的基坑支护方案设计审图工作，此图已经履行了设计的专家论证会和审图机构的设计审查，笔者通过仔细审图和比对已完工程经验，发现基坑支护咬合桩的导槽施工措施设计太浪费，混凝土厚度500mm，超过已完案例项目50%，钢筋规格比已完案例项目大1~2个规格。经过详细测算后组织包括投资方在内的相关单位专家召开专家论证会，推翻原导槽施工措施设计方案，采用已定案例项目设计方案，成效是此分项工程节约投资30%，为业主投资控制发挥了重要作用。部分实力较强的工程监理单位，能够直接为投资方提供相关的咨询和专业化评估服务，从而使工程项目投资符合国家的发展规划城市区域发展规划、产业政策以及符合市场需要，避免投资决策失误，除此以外，由工程监理单位参与投资决策，还能够帮助投资方修改不合理的设计、多余功能的设计，实现项目投资效益的最大化。这是因为工程监理单位具有更优质的工程项目施工管理经验，并能够运用成熟的行业渠道为投资方收集项目建设、生产运营等各方面的信息资料，协助投资方对投资计划进行调整，使投资方能够在工程项目中获得更大的投资回报。

（二）在项目招标投标阶段的作用

招标投标制度作为现代工程项目的一种科学的发包方法，已经成为我国工程建设项目的主要方式。招标投标阶段直接影响着工程项目的施工质量和投资方的投资安全，全过程工程监理能够帮助投资方择优选择到优质的合作企业，保证工程项目的施工质量，有效降低工程造价。工程建设项目普遍涉及的资金量大、工期长的特点，因此，招标投标阶段的工作十分琐碎繁杂，为了保证招标投标活动科学、公平、公正的开展，仅凭投资方的管理经验和人力资源是无法完成的，工程监理作为贯穿工程项目全过程的重要工作，在施工招标投标阶段发挥着重要的作用。首先，一般的工程监理单位具有丰富的招标投标管理经验，并且拥有一支成熟的招标投标管理队伍，能够有效地协助投资方完成招标投标管理工作，确保投资方在招标投标活动中选择到优质的合作伙伴。其次，工程监理单位作为工程建设的第三方，相比工程业主单位，能够以第三方视角帮助投资方实现客观的招标投标工作监

督，提升招标投标工作的科学性。最后，工程监理单位对工程项目的招标投标工作具有极高的业务敏感性，能够有效帮助投资方对招标投标工作的全过程进行监督和监管，避免在招标投标工作中出现违规和违法现象，保证招标投标工作的顺利开展。

（三）在建设工程合同管理中的作用

合同是工程项目施工和结算的主要依据资料。合同管理作为现代工程项目建设的重点工作，受到参建主体的高度重视。合同确定工程项目的价格（成本）、工期（进度）、质量（功能）、安全等目标，规定着合同双方责权利关系。所以，建设工程监理对合同的管理必须是工程项目管理的核心。合同管理贯穿于工程实施的全过程和工程实施的各方面，包括咨询服务合同、土地使用合同、招标代理合同、勘察合同、设计合同、咨询合同、施工合同（总分包合同、专业分包合同）、第三方合同、监理合同等，合同作为工作的指南、履约的规则，对整个项目的实施起总控作用。在市场经济体系下，合同的作用和地位是非常重要的。特别是工程项目标的物大（体量大）、履约工期长、协调关系多、责任主体合同关系复杂，合同管理尤为重要。建设单位、勘察单位、设计单位、施工单位、咨询单位、监理单位、材料设备供应商等都依靠合同确立相互之间的关系。一旦建设单位将整个工程委托于项目监理单位（全过程工程咨询单位），那么项目监理单位（全过程工程咨询单位）要对投资单位的一些合同进行管理，业主与承包商在工程建设中发生合同争议是难免的事情，客观公正地帮助业主处理合同相关事宜，

在商品经济的社会里，只有工程监理单位（项目管理单位）按照客观、公正地管理合同，并一切按合同约定服务，才能保证工程项目顺利进行。

（四）在项目施工阶段的作用

工程项目施工阶段的监理工作，是保证工程质量和工期如期完工的基础工作，也是能够实现对投资方资金安全控制的工作重点。工程监理单位作为参与工程建设的第三方，不仅担负着工程材料设备质量控制，施工工序质量控制，工程验收质量控制，工期控制的重要职责，还承担着沟通和协调工程建设各参建单位关系的重要工作，其发挥的作用对工程施工以及结算都有重要影响。工程项目施工阶段，工程监理单位需要做好施工组织设计和专项施工方案审查，材料进场管理、设备管理、检验批隐蔽工程验收、施工检测和试验管理、工程竣工初验、工程竣工验收、工程质量不合格事故处理等一系列工作。一旦业主与施工单位发生争议，处理工程索赔、审批工程延期、工程变更等事项，工程监理还能针对矛盾进行双方的沟通协调，并促进建筑工程各项工作顺利开展，保证工程项目顺利施工，因此，工程监理对工程施工过程管理，对工程项目施工效率和工程质量有重要影响，对工程建设各项目标实现有重要保障，对投资人的资金安全也发挥重要的监管作用。

（五）在保修阶段的作用

工程保修是施工单位按照国家和行业现行的技术标准和合同中约定的保修条款，对已竣工验收的项目在一定期限内履行维修、返工的义务。工程监理在保修阶段发挥第三方调解的作用。工程监理单

位在保修事项发生后，需要以第三方身份，对保修事项进行调查论证，并公平地处理保修发生的费用等事宜，保证投资人的合法权益，不损害施工单位的正当利益，避免工程建设单位在保修事件中发生经济损失，保证保修阶段各项工作的合理、合法、高效开展，保证工程项目的工程质量。工程监理单位在保修阶段的审批中要注意对书面材料的审查、核实和存档，并在保修施工中做好记录、备案及资料管理，保修工作的合法性和有效性，避免合同双方在保修阶段发生矛盾，给工程项目质量带来不利影响，并保证工程建设、运行顺利进行。

结语

工程监理是全过程工程咨询管理的重要组成部分，作为参建主体的一方在工程建设管理中发挥着重要作用。工程监理单位参与工程项目的全过程管理，有效地填补了投资方在工程管理方面的技术空白和人力资源补充，提高了投资方的资金利用效率。工程监理作为第三方机构参与工程建设的全过程管理，还发挥着沟通协调各参建主体单位关系的重要作用，为工程建设项目目标实现起到了关键作用。

参考文献

[1] 张智慧. 中国PPP模式的发展历程与问题分析[J]. 经营管理者，2017 (30).

[2]《住房城乡建设部关于开展全过程工程咨询试点工作的通知》(建市〔2017〕101号).

[3] 周倍立. 全过程工程咨询发展的分析和建议[J]. 建筑经济，2019, 40 (1): 5-8.

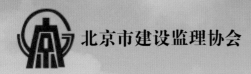

北京市建设监理协会

北京市建设监理协会成立于1996年，是经北京市民政局核准注册登记的非营利社会法人单位，北京市住房和城乡建设委员会为业务领导，并由北京市社团办监督管理，现有会员单位252家。

协会的宗旨是坚持党的领导和社会主义制度，发展社会主义市场经济，推动建设监理事业的发展，提高工程建设水平，沟通政府与会员单位之间的联系，反映监理企业的诉求，为政府部门决策提供咨询，为首都工程建设服务。

协会的基本任务是研究、探讨建设监理行业在经济建设中的地位、作用以及发展的方针政策；协助政府主管部门大力推动监理工作的制度化、规范化和标准化，引导会员遵守国家法律和行业规范；组织交流推广建设监理的先进经验，举办有关的技术培训和加强国内外同行业间的技术交流；维护会员的合法权益，并提供有力的法律支持，走民主自律、自我发展、自成实体的道路。

北京市建设监理协会下设办公室、信息部、培训部及北京市西城区建设监理培训学校，学校拥有社会办学资格，北京市建设监理协会创新研究院是大型监理企业自愿组成的研发机构。

北京市建设监理协会开展的主要工作包括：

1. 协助政府起草文件、调查研究、做好管理工作。

2. 参加国家、行业、地方标准修订工作。

3. 参与有关建设工程监理立法研究及其他内容的课题研究。

4. 反映企业诉求、维护企业合法权利。

5. 开展多种形式的调研活动。

6. 组织召开常务理事、理事、会员工作会议，研究决定行业内重大事项。

7. 开展"诚信监理企业评定"及"北京市监理行业先进"的评比工作。

8. 开展行业内各类人才培训工作。

9. 开展各项公益活动。

10. 开展党支部及工会的各项活动。

北京市建设监理协会在各级领导及广大会员单位的支持下，做了大量工作，取得了较好的成绩。

2015年12月，协会被北京市民政局评为"中国社会组织评估等级5A"；2016年6月，协会被中共北京市委社工委评为"北京市社会领域优秀党建活动品牌"；2016年12月，协会被北京信用协会授予"2016年北京市行业协会商会信用体系建设项目"等荣誉称号。

北京市建设监理协会将以良好的精神面貌，踏实的工作作风，戒骄戒躁，继续发挥桥梁纽带作用，带领广大会员单位团结进取、勇于创新，为首都建设事业不断做出新贡献。

（本页信息由北京市建设监理协会提供）

北京市住房和城乡建设委员会领导到北京市监理协会调研

北京市监理协会携9家会员单位参展"中国国际服务贸易交易会"

北京市监理协会举办"建筑工程安全生产管理与技术"系列公益讲座

北京市监理协会与中国建设监理协会共同召开课题研究鉴定会

北京市监理协会组织会员单位参加"植树造林"活动

阿里巴巴北京总部

北京丰台火车站

北京朝阳站

国际会议中心二期工程

全国第一条城市中低速磁悬浮轨道交通S1线

沈阳嘉里中心

武汉泰康总部大楼

腾讯北京总部大楼

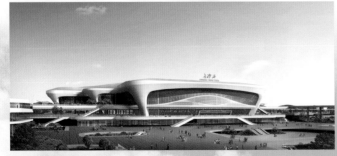

长沙西站

北京赛瑞斯国际工程咨询有限公司

北京赛瑞斯国际工程咨询有限公司创立于1993年，是中国冶金科工股份有限公司控股子公司——中冶京诚工程技术有限公司的全资子公司。

公司是全国首批获得工程监理综合资质的企业之一，亦是国内首批通过ISO9000质量体系认证的工程咨询公司。公司一直伴随着我国监理行业和工程咨询行业的发展而发展，工程监理、工程咨询、造价咨询、项目管理、评估咨询五大业务板块协调联动，以强有力的技术力量和品牌战略为客户提供建设工程全过程咨询服务。

公司始终将人力资源作为最宝贵的财富。目前，人员总数近2000人，其中具有各类国家一级注册执业资质的人才达到500多人，中、高级技术职称人员占到了人员总数的45%。公司已形成了一支团结、敬业、务实、高效的项目管理团队。

30年来，公司紧跟铁路监理制度发展，先后承担了北京当代十大建筑之一——北京南站工程、国内首座双层车场的特大型综合交通枢纽——北京丰台火车站、北京铁路枢纽六大主站之一——北京朝阳站、天津滨海新区地下高速铁路枢纽——京津城际天津滨海站等项目。

同时，公司在大型公建、超高层、综合交通枢纽等多项建设领域取得卓越的工程业绩：奥运媒体中心——北京奥林匹克会议中心工程、雄安全过程工程咨询项目——雄安高质量发展检验中心等项目；轨道交通领域业务已覆盖国内26个城市，包括全国首条开工建设的中低速磁悬浮轨道交通线路（北京S1线）在内的诸多轨道交通重点工程，涵盖了土建、机电、装修、弱电、铺轨、安全等全专业领域。

迄今为止，获"建设工程鲁班奖"19项、获"詹天佑大奖"9项、获"全国装饰工程奖"3项、获"国家优质工程奖"20项、获"中国建筑钢结构金奖"11项、获省市级优质工程奖近400多项。

（本页信息由北京赛瑞斯国际工程咨询有限公司提供）

雄县第三高级中学

山东省建设监理与咨询协会

　　山东省建设监理协会成立于1993年12月15日，2020年6月更名为山东省建设监理与咨询协会，是山东省从事工程建设监理、招标代理、全过程咨询的各类企、事业单位自愿组成的非营利性社会组织。协会多次获得优秀社会组织称号，2019年被评为4A级社会组织，接受山东省住房和城乡建设厅和山东省民政厅民间组织管理局的监督管理。

　　协会现有会员单位600多家，专业覆盖房建、市政、水利、电力、交通等工程建设领域，为更好地服务会员，促进复工复产，减免会员单位会费，多渠道开展公益性专题培训活动。

　　积极参加山东省民政厅组织的"双百扶贫行动"和"乡村振兴活动"，为帮扶结对村改善小学教学设施、改造农田灌溉井、村庄美化建设及慰问困难群众等捐资、捐物近30万元。

　　2020年初协会发出"关于全力做好防控新型冠状病毒感染肺炎疫情工作的倡议书"，会员单位积极响应为疫情防控捐款捐物累计601万元。协会对直接参建疫情集中救治医院、疫情期间坚守岗位参建省市不停工的重点民生工程项目以及捐款、捐物的会员单位进行了通报表扬。

（本页信息由山东省建设监理与咨询协会提供）

与山东省建筑安全与设备管理协会联合举办公益性直播讲座"危险性较大分部分项工程管理专项培训"

承接中国建设监理协会《装配式建筑工程监理规程》课题成果转团体标准

2020年疫情期间协会会员单位山东齐鲁城市管理有限公司参建山东省任城监狱"方舱医院"

2020年疫情期间协会会员单位山东齐鲁城市管理有限公司参建济宁公共卫生应急服务中心

2020年疫情期间协会监事山东胜利监理股份有限公司为疫情防控捐款

"双百扶贫"济宁鱼台缪集村走访

走访困难村民

"双百扶贫"济宁鱼台缪集村冒雪走访困难家庭

山东省建设监理与咨询协会团体标准《建设工程监理工作标准》审查会

与山东省建筑业协会联合举办网络直播《建设项目工程总承包（示范文本）》专题公益培训

举办质量安全警示和典型案例教育专题讲座

举办公益性建设工程安全生产管理监理工作专项线上直播培训

洛阳科技馆

河南省工人疗养院

中原节能环保产业园

新建柳沟至红沙梁铁路专用线

洛阳正大国际城市广场暨市民中心

中共洛阳市委党校新校区

西安国际医学中心

洛阳市第一中医院新区医院

洛阳市东环路向北打通工程—唐寺门立交

北京奔驰项目

中汽智达（洛阳）建设工程咨询管理有限公司

中汽智达（洛阳）建设工程咨询管理有限公司成立于 1993 年，中国汽车工业工程有限公司下属国有全资建设工程咨询管理企业，注册地河南省洛阳市涧西区，注册资金 1000 万元。持有国家住房和城乡建设部颁发的工程监理综合资质。主营业务包括工程监理服务、工程造价咨询服务、人防工程建设监理、工程技术咨询服务、全过程工程咨询服务、工程项目管理服务、工程招标代理服务、安全咨询服务，还有地质勘查、地基处理、工程设计、环境影响评价等方面。

中汽智达咨询，管理标准体系行业领先。 公司始终重视管理标准体系建设，作为行业内率先通过"质量、环境、职业健康安全"认证的建设工程咨询管理企业，始终以认证体系为基础，结合自身实际，搭建管理架构，制定管理标准。多年来颁布、执行各项企业标准共 11 大类 276 项次，累计超过 40 余万字，对指导、规范、统一公司各项工作起到了重要作用。公司始终重视信息化建设，竭力打造综合性大型信息化管理平台，将各类工作软件、管理标准、工作流程等融入平台，依托平台实现对经营、管理、生产的全面覆盖和及时监控。

中汽智达咨询，专业配套齐全，行业覆盖广泛。 公司拥有懂技术、懂管理、懂经济、懂法律复合型高级人才队伍 666 人，包括教授级高级工程师 13 人，高级工程师 80 人，工程师 342 人，拥有国家注册人员 263 人，涵盖企业管理、地质、测量、规划、建筑、结构、给水排水、暖通、动力、供配电等 5 大类 30 多个专业。

中汽智达咨询，管理团队专业，且配套全、作风正。 公司始终重视企业文化及作风建设，始终奉行"合作、进取、至诚、卓越"的企业精神和共创能力，共享成长的核心价值观，积极推进价值竞争战略，以服务赢得用户，以实力立足市场。同时，采取措施引导员工建立修身立德、成人达己的人生观，通过服务社会、奉献社会实现自我价值。

中汽智达咨询，业绩优良、经验丰富。 自 1993 年成立以来，多次蝉联中国建设监理协会、中国建设监理协会机械分会、河南省建设监理协会等颁发的"优秀监理单位"称号。获得国家及省级以上工程奖项 130 项。被德国大众、美国卡特彼勒等数十家国内外知名企业授予"最佳服务提供商"称号。

从惊天动地的抗震一线到默默无闻的日常建设现场，从高精尖的国家战备工程到普通社会项目，从白雪皑皑的北国到莺歌燕舞的南方，从广袤的黄土高原到富饶的东海之滨，无不留下了智达人辛勤的汗水和艰苦的努力，无不记录着智达人探索奋斗的历程和艰苦创业的精神。

知而获智，智达高远。业绩来自于奋斗，经验来自于积累，荣誉来自于付出。智达人不会停止前进的脚步，公司将一如既往，以自身良好的企业文化、卓越的技术实力、优秀的管理团队，丰富的实践经验为基础，继续打造精品工程，服务市场，回报社会。

公诚管理咨询有限公司
Gongcheng Management Consulting Co., Ltd.

公诚管理咨询有限公司

公诚管理咨询有限公司是大型国有上市企业中国通信服务股份有限公司旗下的专业子公司，是国内最早参与互联网、IDC、三网融合、3G、4G、5G、大数据、物联网、云计算、智慧城市等前沿信息技术网络建设的企业之一。目前公司拥有员工万余人，年平均承接项目5万余个，管理项目投资总额达2600亿元。

作为国内工程建设管理与咨询服务领域专业资质最为齐全的企业之一，公诚咨询已具备工程监理综合资质、信息系统工程监理服务标准贯标甲级、造价咨询甲级资质、工程招标代理甲级等多项顶级资质，以及施工总承包、工程咨询、工程设计等10余项资质。

成立21年来，公诚咨询始终紧跟时代发展的步伐，从单一监理业务发展到监理、招标代理、造价咨询、全过程咨询，数字化创新管理等多元化业务，为众多优秀的客户提供高质量的服务，从中国通信行业最大的监理公司发展成为国内规模庞大、实力强劲、专业覆盖面广的管理咨询企业。足迹从广东省发展到在全国各地成立常驻机构，实现了除台湾省外的全覆盖。

经过21年辛勤耕耘，公诚咨询现已成为国内领先的数字化综合管理咨询服务企业。招标代理、工程监理、造价咨询三大主营业务均具有行业顶级资质，可为各行各业提供专业服务。服务项目先后多次获得"国家优质工程金质奖""国家优质工程奖设立三十周年经典工程""詹天佑土木工程大奖"等国家级荣誉70余项，省部级荣誉1000余项，其他荣誉12000余项；同时大力推进信用体系建设，先后荣获"中国通信企业协会企业信用等级证书""中电联企业信用等级AAA级企业"，更获评广东省五一劳动奖状。

作为国有企业，同时也是中国信息化领域生产性服务业监理行业的先行探路者，公诚咨询有责任有义务扛起行业发展大旗，引领行业发展方向，在行业内部营造健康规范的生态发展环境。实现自我、引领行业，是公诚咨询面对中国通信服务"为信息化服务，建世界级网络"的发展使命。

（本页信息由公诚管理咨询有限公司提供）

北京京燕饭店装修改造

河北雄安新区容东管理委员会"城市运营管理中心"

东莞市步步高学校——东莞分公司

广东邮电职业技术学院江门校区

华科厂房效果图

江门中国侨都健康驿站实景图

京津冀大数据基地A2数据中心机电基础配套一期工程

廊坊市舟宇电子科技有限公司智能科技云计算数据中心

中国电信北京公司冬奥会延庆赛区新建光缆

智慧产业融合与创新云计算数据中心

能通数据中心产业化项目（数据中心3）建设工程监理

琼海市嘉积中学综合教学楼工程效果图

珠海平沙新城起步区邻里中心效果图

珠海市生物安全P3实验室及疾病预防能力提升工程项目效果图

深圳宝安（龙川）产业转移工业园科技产业创新创业基地建设项目效果图

瑶城村美丽乡村建设项目工程监理效果图

重庆寸滩国际新城邮轮母港片区城市路网　　重庆童话世界公园

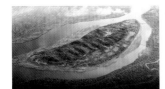

广阳岛全岛建设及广阳湾生态修复　　江苏园博园

江西宁都团结水库　　昆明市综合交通国际枢纽

深圳四单元桂湾九年一贯制学校　　西部（重庆）科学城科学谷

深圳小梅沙片区城市更新单元 BIM 总顾问服务及小梅沙整体片区改造

浙江龙港市公共服务中心和政法服务中心

同炎数智（重庆）科技有限公司

同炎数智科技（重庆）有限公司 [原林同棪（重庆）国际工程技术有限公司] 成立于 2010 年，公司定位为工程项目全生命期数智化服务首选集成商，是工程咨询领域的创新科技型企业。

2017 年，同炎数智在行业内率先提出了"数智化全过程工程咨询"的服务模式，强调"项目管理 + 综合专业技术 + 数智化"的有效融合，依托自身研发的 BIM 协同管理平台，为工程项目提供全生命期的数智化服务，特别是围绕住房和城乡建设部提出的 BIM 集成应用，坚持场景应用和创造价值，为客户和项目赋能。近几年，同炎数智不仅在成渝经济圈陆续中标了多个大型数智化全过程工程咨询项目，如广阳岛全岛建设及广阳湾生态修复、重庆童话世界公园、西部科学城科学谷等项目，在粤港澳大湾区、长三角地区也在积极推进，包括江苏园博园、浙江龙岗政务中心、深圳小梅沙等数智化全过程工程咨询的重大项目。2020 年底，同炎数智成功收购重庆求精工程造价有限责任公司，将数智化和工程造价咨询相结合，为业主提供更专业、更全面的服务。公司独有的"数智化全过程工程咨询模式"不断受到行业关注，受邀参加了中国监理行业创新发展论坛、中国勘察设计高峰论坛、美国项目管理协会（PMI）中国项目管理大会、皇家特许测量师学会（RICS）中国会员大会、中国（重庆）智博会、甲骨文中国大会、欧特克（AUTODESK）大师汇等全国知名专业论坛的主题分享。公司也收到重庆市住房和城乡建设委、广州市住房和城乡建设委、楚雄州住房和城乡建设委等邀请进行数智化全过程工程咨询的公开授课。2021 年，同炎数智更是承办了 2021 年第七届 BIM 学术会议、2021 年英国皇家特许建造学会（CIOB）中国西部区会员大会，受到行业内的高度关注和认可。

2022 年 1 月，同炎数智作为国家发改委和住房和城乡建设部邀请的六家单位之一，参加国家发改委韩志峰副司长和住房和城乡建设部卫明副司长联合领导下的全过程工程咨询数字化专题组工作，同年 3 月，同炎数智董事长汪洋作为新加坡南洋理工大学邀请的行业领域三位专家之一，参加"建筑行业中的数字化技术应用—引领智慧城市的未来"分享并做主题演讲。

公司以实现"数智赋能美好生活"为企业使命，在全国率先提出数智化全过程工程咨询创新模式。通过自主研发的项目前期决策平台、协同管理平台、运营管理平台，提供涵盖多专业、全阶段、强融合的数智化服务整体解决方案，致力于成为国际一流工程数智科技公司。

公司秉承"创新、专业、服务"精神，坚持"国际本土化、本土国际化"，引进国外广泛认可的工程咨询理念和实践经验，结合中国行业特点，提供具有国际化水准的数智化融合服务，赋能客户和项目。公司历经多年的发展沉淀及项目经验积累，已获得多项专利、软著，并荣获数个国内外行业大奖。作为高新技术企业，公司还通过博士后科研工作站等平台，整合多专业跨学科的创新人才资源，不断为行业培养、输送智建慧管的复合型人才。

目前，同炎数智的 IPO 工作已经启动，这将是公司未来两年的重要工作和重大事件，真正成为一家公开透明的公司。对于公司下一步更有想象力的发展，以及骨干员工的激励机制优势，必将进一步促进公司的可持续健康发展，最终实现跨越式发展！

四川康立项目管理有限责任公司

四川康立项目管理有限责任公司成立于世纪之交的2000年6月，经过20余载的努力奋斗，现已发展为具有住房和城乡建设部工程监理综合资质、水利部水利工程施工监理甲级、水土保持工程施工监理甲级、机电及金属结构设备制造监理甲级、水利工程建设环境保护监理资质、交通部公路工程监理、人防监理、造价咨询甲级、项目管理和全过程咨询企业甲级、政府采购、招标代理、工程咨询、工程勘察、工程设计等多项资质的大型综合性工程管理公司。

集团现有各类技术管理人员近3000人，国家级各类注册人员700余人，省级监理岗位资格人员2000余人，高级工程师300余人。通过全体员工的齐心协力，集团的技术管理水平不断提升，一步步迈向行业的前列，现已成为中国建设监理协会理事单位、四川省建设工程质量安全与监理协会常务副会长单位、四川省工程项目管理协会副会长单位、四川省造价工程师协会理事单位、成都建设监理协会副会长单位，成都市"守合同 重信用"企业、四川省"诚信企业"，集团已连续10年进入中国监理行业五十强和四川省五强，历年被评为部、省、市优秀监理企业。集团党支部于2020年正式成立，集团发展进入了一个崭新的阶段。

康立时代建设集团始终坚持"客户至上，诚信务实，团结协作，创新共赢"的价值观，不断完善管理和质控体系，已经构建了高效的组织机构，健全了可控的质量体系，建立了完善的企业标准，同时依托"康立工程管理学校"形成了可持续的人才培养机制，拥有了高素质的人才队伍。集团现已完成咨询服务的房屋建筑面积近2亿m²，市政公用工程投资超2000亿元，水利水电工程投资超500亿元，其他工程总投资超500亿元。

20余载的风雨兼程，康立人用勤劳的双手建造了一栋栋大厦，也铸造出一座座丰碑。

——5项"鲁班奖"

——13项"国家优质工程奖"

——60余项"天府杯奖"

——80多项"芙蓉杯奖""蜀安奖""土木工程詹天佑奖""中国钢结构奖"

面对各级政府和社会各界的认可和褒奖，康立人唯有扬鞭奋蹄，才能不负众望。

展望未来，任重而道远，集团将以博大的胸襟、精湛的技术，努力开拓更多领域，成为具有强大综合实力的工程管理企业，成为行业的领跑者和最受尊重的企业，努力实现"让工程服务值得信赖，让生活幸福安宁美好"的企业使命。康立时代建设集团以真诚开放的态度，热忱积极的决心，诚邀合作。

合作联系：徐昌瀚
集团地址：四川省成都市成华区成华大道杉板桥669号
集团电话：028-81299981

微信公众号

（本页信息由四川康立项目管理有限责任公司提供）

成都露天音乐公园（鲁班奖）

华夏历史文化科技产业园（方特·东方神话） 丰德成达中心（鲁班奖）

龙湖·滨江天街 南充市顺庆区滨江路改造工程（鲁班奖）

四川省公共卫生综合临床中心

西部金融创新中心 中国科学院大学成都学院

中国西部现代商贸物流基地 自贡市富荣产城融合带基础设施建设项目（C、D段）工程全过程工程咨询

中国电建集团北京勘测设计研究院 17 号楼装修工程全过程咨询项目

安徽响水涧抽水蓄能电站（国家优质工程奖）

湖北省武汉市洪山区电建地产泛悦城二期（电建地产华中区域总部）

猴子岩水电站（国家优质工程金奖、电力优质工程奖）

南水北调中线一期工程总干渠黄河北～姜河北段渠道（水利部重点工程，荣获四川省建设工程天府杯金奖）

拉西瓦水电站（中国钢结构金奖）

河北张家口市崇礼区太子城冰雪小镇市政工程（北京冬奥会场地）

内蒙古锡林郭勒盟洪格尔风电场

浙江仙居抽水蓄能电站（中国安装之星、国家水土保持生态文明工程奖）

中国水利水电建设工程咨询北京有限公司

中国水利水电建设工程咨询北京有限公司成立于 1985 年，隶属于中国电建集团北京勘测设计研究院有限公司，是全国首批工程监理、工程咨询试点单位之一，具有住房和城乡建设部批准的水利水电工程监理甲级、房屋建筑工程监理甲级，电力工程监理甲级，市政公用工程监理甲级；水利部批准的水利工程施工监理甲级、机电及金属结构设备制造监理甲级、水土保持工程监理甲级、环境保护监理（不分级）；北京市住房和城乡建设委批准的公路工程乙级、机电安装工程乙级等监理单位资质。公司通过了质量管理、环境管理与职业健康安全管理体系认证。企业精神是创新，担当，务实，共赢。经营理念是诚信卓越，合作共赢。

公司业绩遍布国内 30 个省区及 10 多个海外国家地区，承担国内外水利水电、房屋建筑、市政公用、风力发电、光伏发电、公路、移民、水土保持、环境保护、机电和金属结构制造工程监理 500 余项，参与工程技术咨询项目 200 余项，大、中型常规水电站和抽水蓄能电站监理水平在国内领先。所监理工程项目荣获"鲁班奖"、国家级优质工程奖等 21 项，省市级优质工程奖 30 项，中国优秀工程咨询成果奖 1 项。

公司重视技术总结和创新，参编了《水电水利工程施工监理规范》《水电水利工程总承包项目监理导则》等行业管理规程规范，主编《电力建设工程施工监理安全管理规程》等 10 多项行业和企业标准。BIM 技术在大型抽水蓄能工程监理项目管理应用日益完善，近年来员工发表科技论文百余篇，获准实用型发明专利 18 项，大型工程 QC 小组荣获国家级奖项 54 项。

公司坚持诚信经营，被北京市监理协会连续评定为诚信监理企业，中国水利工程协会和北京市水务局评定为 AAA 级信用监理企业。荣获了"中国建设监理创新发展 20 年工程监理先进企业""共创鲁班奖工程监理企业""全国优秀水利企业""全国青年文明号""北京市建设监理行业优秀监理单位"等多项荣誉称号，员工荣获"全国优秀水利企业家""全国优秀总监理工程师""全国优秀监理工程师""四川省五一劳动奖章""江苏省五一劳动奖章""牡丹江市劳动模范""北京市爱国立功标兵""鲁班奖工程总监""国家优质工程奖突出贡献者""国家优质工程金奖总监"等荣誉称号，为国家建设监理行业发展做出了应有贡献。

公司正以创建"学习型、科技型、国际型"为战略发展目标，愿充分发挥自身综合技术优势，竭诚为客户提供一流的优质服务，为工程建设咨询监理做出卓越贡献。

地　址：北京市朝阳区定福庄西街 1 号
邮　编：100024
电　话：010-51972122
传　真：010-51972358
网　址：http://bcc.bhidi.com
邮　箱：bcc1985@sina.com

（本页信息由中国水利水电建设工程咨询北京有限公司提供）

贵州建工监理咨询有限公司

中国建设监理协会领导专家莅临公司考察指导

红果体育馆

贵州建工监理咨询有限公司原为贵州省住房和城乡建设厅下属贵州建筑技术发展研究中心，于1994年6月成立的"贵州建工监理公司"，1996年经建设部审定为甲级监理企业，是贵州省首家监理企业、首家甲级监理企业。2007年7月完成企业改制工作，现为有限责任公司。2009年审定为贵州省首批工程项目管理企业（甲级）。公司注册资本1200万元。1994年加入中国建设监理协会，是中国建设监理协会理事单位。2001年加入贵州省建设监理协会，是贵州省建设监理协会副会长单位，公司董事长出任协会副会长至今。从2006年至今连续荣获贵州省"守合同 重信用"单位称号，并荣获全国"先进工程建设监理单位"的称号。

经过多年的不断发展，贵州建工监理咨询有限公司现已发展成集工程监理、招标代理、政府采购、工程建设全过程工程咨询（建设策划、建设实施、运维）、工程造价咨询、BIM技术咨询及工程技术专业评估等一体的大型综合性咨询服务企业。

公司业务及资质范围包括：工程监理房屋建筑工程专业甲级、工程监理市政公用工程专业甲级、工程项目管理甲级、工程造价咨询甲级、工程招标代理甲级、工程监理机电安装工程专业乙级、工程监理公路工程专业乙级、工程监理水利水电工程专业乙级、工程监理通信工程专业乙级、地质灾害防治工程监理乙级、地质灾害危险性评估丙级、人防工程监理乙级。

公司现有1000余名具有丰富实践经验和管理水平的高、中级管理人员和长期从事工程建设实践工作的工程技术人员。此外，公司还拥有一批贵州省建设领域知名专家和学者，成立了各个专业的独立专家库。公司通过多年的技术及经验积累，会同公司专家及技术人员共同编撰了《监理作业指导纲要汇总》《项目监理办公标准化》《建筑工程质量安全监理标准化工作指南》（第二版）、《建设工程监理文件资料编制与管理指南》《监理工作检查考评标准化》《监理工作手册》等具有自有知识产权的技术资料。在信息化应用方面，公司使用GPMIS监理项目信息管理系统软件开展监理服务工作，动态监控在监项目在建设过程中出现的各种技术问题和管理问题，为建设单位提供切实可行的、具有针对性的合理化建议和实施方案。

在今后的发展过程中，公司将以更大的热忱和积极的工作态度，整合高素质的技术与管理人才，不断改进和完善各项服务工作，本着"诚信服务，资源整合，持续改进，科学管理"的服务方针，竭诚为广大业主提供更为优质的咨询服务，并朝着技术一流、服务一流、管理一流的现代化服务型企业而不懈努力和奋斗。

中天会展城－超高层TA-1和TA-2

孔学堂

遵义市子尹路南延线隧道工程

遵义会议陈列馆改扩建工程

全国"先进工程建设监理单位"	贵州省首家监理企业（甲级）
中国建设监理协会理事单位	贵州省建设监理协会副会长单位
国家质量管理AAA级工程监理企业	贵州省"先进工程建设监理单位"
国家（监理）甲级资质	贵州省建筑企业100个骨干企业
贵州省诚信示范企业	贵州省全过程咨询试点企业
贵州省"守合同、重信用"单位	贵州省造价管理协会会员单位
贵州省招标投标协会理事会会员单位	贵州省水利工程协会团体会员

安顺经济技术开发区土地一级站前广场

贵定卷烟厂易地技术改造项目

（本页信息由贵州建工监理咨询有限公司提供）

贵安新区百马路道路工程

同济贵安医院

北京市昌平区—北四村回迁安置房A组团工程

北京市昌平区—天通中苑新建及改造

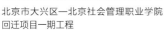

北京市大兴区—北京社会管理职业学院回迁项目一期工程

北京市朝阳区—北京轨道交通4、6、8、14、17、13号线等工程

北京市东城区—故宫宝蕴楼修缮工程

北京市丰台区—北京市郑王坟再生水厂工程（第二标段）

北京市丰台区—梅市口路（玉泉路—长兴路）道路BT工程（监理）

北京市西城区—大栅栏煤市街以东C1、C2商业金融用地项目

西藏拉萨市—西藏拉萨市群众文化体育中心

BECC 北京北咨工程管理有限公司

北京北咨工程管理有限公司的前身为北京市工程咨询有限公司建设监理部。2008年北京市工程咨询有限公司为推动监理业务蓬勃发展，成立了全资子公司——北京北咨工程管理有限公司。

公司具有房屋建筑工程甲级、市政公用工程监理甲级、机电安装工程监理乙级、电力工程监理乙级、通信工程监理乙级、文物保护工程监理甲级、人民防空工程监理甲级等多项资质证书，取得了质量管理体系、环境管理体系、职业健康安全管理体系认证证书，是北京建设监理协会常务理事单位、中国建设监理协会会员单位，曾获得"北京市建设监理行业奥运工程监理贡献奖""北京市建设监理行业抗震救灾先进单位"荣誉称号，多次被评为北京市建设行业诚信监理企业、北京人防工程监理诚信企业。

公司的业务经过不断拓展、改进和提高，构建了独具特色的咨询理论方法及服务体系，建立了一支能够承担各类房屋建筑、市政基础设施、轨道交通、水务环境、园林绿化、文物古建等工程的高素质监理队伍，目前从事监理业务人员200余人，积累了一批经验丰富的专家。所监理的工程获得了"国家优质工程奖""中国建设工程鲁班奖""詹天佑土木工程大奖""全国优秀古遗迹保护项目""北京市建筑长城杯工程金质奖""北京市市政基础设施结构长城杯工程金质奖"等多项荣誉。

新的历史时期，北咨监理公司始终坚持诚信化经营、精细化管理，秉承"打造行业精品，创造客户价值"的质量方针，努力成为客户满意、政府信赖、社会认可的具有显著领先优势的监理公司，与社会各界一道携手，为促进建设监理事业高质量发展做出北咨人艰苦扎实地不懈努力与贡献。

地　址：北京市朝阳区高碑店乡八里庄村陈家林9号院华腾世纪总部公园项目9号楼4层
邮　编：100124
电　话：010-67086339
网　址：www.becc.com.cn

微信公众号

北京市海淀区—颐和园排云殿—佛香阁—长廊等景区修缮工程

（本页信息由北京北咨工程管理有限公司提供）

新疆昆仑工程咨询管理集团有限公司

新疆昆仑工程咨询管理集团有限公司（简称"昆仑咨询集团"）是兵团第十一师建咨集团所属的全资国有企业，注册资本金6000万元，其前身昆仑监理公司成立于1988年，是全国第一批试点监理企业，2019年，在师党委和建咨集团党委的坚强领导下，昆仑监理围绕"建链、补链、延链、强链"进行资源整合，吸收、合并兵团建工设计院、正元招标、宏正造价、图木舒克工程咨询公司组建成昆仑咨询集团，力争"十四五"期间率先打造成全国知名全过程工程咨询企业。

昆仑咨询集团积极践行新发展理念，紧紧围绕行业发展方向和区域政策导向，壮大综合实力，拥有职工1600余人，中级及以上职称700余人，拥有各类国家注册执业资格证书合计525余人次，拥有工程监理综合资质，公路工程监理、水利工程监理、工程咨询、建筑设计、工程造价咨询、招标代理等7项甲级资质和其他各类资质共19项，是新疆乃至西北地区资质等级高、服务范围广、产业链齐全、品牌影响大、技术力量雄厚的建设咨询服务龙头企业。

在不断推进高质量发展的进程中，昆仑咨询集团大力实施"立足疆内、拓展疆外、开发海外"的市场战略，积极参加国家、省市、自治区和兵团重点工程项目建设，累计参建5000余项，业绩遍布全国20多个省市。监理板块完成了自治区迎宾馆、兵团机关办公综合楼、乌鲁木齐市T3航站楼、新疆大剧院、新疆国际会展中心（一、二期）、乌鲁木齐市奥体中心、乌鲁木齐市文化中心等地标性工程的建设。9项工程荣获"鲁班奖"，2项"詹天佑奖"，4项"钢结构金奖"，2项"安装之星奖"，百余项工程荣获省级优质工程奖，跻身"全国百强监理企业""全国先进建设监理单位"，2015年在全国监理企业排名中位列第15位。设计板块代表项目有石大一附院住院二部、伊犁大酒店、徕远宾馆等。招标代理的重点项目有图市新建铁路专用线、十二师党校等。造价事务所完成了兵团高等专科学校南迁项目（一期、二期）等项目造价控制，并成功走出国门，曾参与蒙古国、塔吉克斯坦、赞比亚、塞拉利昂等6个国家的项目建设，高标准完成援外任务，为国争光。

昆仑咨询集团荣获全国文明单位荣誉称号，连续7年荣获"全国先进监理单位"称号，荣获"全国安康杯竞赛优胜企业""兵团屯垦戍边劳动奖"等多项荣誉。兵团建工设计院多项可研报告荣获"全国优秀工程咨询成果优秀奖"；正元招标荣获"全国招标代理机构诚信先进单位"称号、中国招标投标协会"行业先锋"荣誉称号、自治区招标代理信用评价等级"AAA"荣誉称号。昆仑咨询集团参与自治区住房和城乡建设厅标准编制1项；连续多年获得自治区信用等级"AAA"级评价，多次在乌鲁木齐市信用评价等级中排名第一，所属正元招标、宏正造价也连续多年获得"AAA"级信用评价。

一直以来，昆仑咨询人坚守"自强自立、诚实守信、团结奉献、务实创新"的企业精神，向业主提供优质的工程咨询服务，昆仑咨询集团正朝着打造就具有深刻内涵的品牌化、规模化、多元化、国际化的全过程工程咨询管理企业方向发展。

（本页信息由新疆昆仑工程咨询管理集团有限公司提供）

兵团兴新职业技术学院南迁校区（一期）　第一师五团苹果苑小区建设项目（设计）建设工程（设计）

奥林匹克体育中心（监理）

花蕊文化中心（监理）　　　　塔里木大学体育馆（监理）

塔里木大学体育馆项目（监理）　　新疆大剧院（监理）

新疆国际会展中心（监理）　　新疆万科会展中心（监理）

乌鲁木齐市T3航站楼（监理）